オイラー積原理

素数全体の調和の秘密

黒川 信重 著

Euler Product Principle

現代数学社

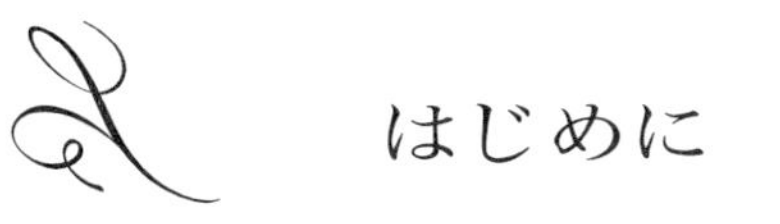

はじめに

《素数全体が調和している》とは素数の研究を半世紀以上行って来た私が強く感じていることです.

本書は，素数の調和の秘密を伝えたくて執筆したものです.ここでは，“素数全体の調和”を“オイラー積原理”から考えます.

オイラー積とは，今から三百年近い昔の 1737 年にオイラーが水の都サンクトペテルブルク ―オイラーはそこに静かに眠っています― にて発見したものです．そのおかげで，素数の秘密はゼータ関数というオイラー積によって解明されて来ました.

オイラー積原理とは，オイラー積の伸びゆく解析性を各素数ごとのオイラー因子の“リーマン予想”によって判定するという結果です.《素数・オイラー積・リーマン予想》は数論研究の三つの鍵を与えていて，これからも長い間の研究を導いてくれるものです．読者の研究を期待します.

本書は月刊誌『現代数学』における一年間の連載（2021 年 4 月号～2022 年 3 月号）をまとめたものです．編集長の富田淳さんには大変御世話になりました．深く感謝申し上げます.

2022 年 5 月 10 日

リーマン予想日に

黒川信重

目　次

第1章

オイラー積原理とは

素数に関する積はゼータ関数論においてオイラー積と呼ばれている．ここではオイラー積について面白い風景を色々と紹介したい．とくに，オイラー積原理と名付けるにふさわしい見所とその周辺を散策する．

オイラー積はゼータ関数を構成する際に根本となるものであり，それを解析接続し関数等式を証明することがゼータ関数研究者の夢であり基本問題である．未解決問題として有名な非可換類体論予想あるいはラングランズ予想は，そこの問題であり，数学最高の未解決問題として超有名なリーマン予想や深リーマン予想はその先の問題である超リーマン予想となる．

オイラー積を解析接続することは，一般に，実に難しい．それを推察してもらうには，『ゼータ進化論』（『現代数学』2020年4月号－2021年3月号）にならってゼータ関数を生きものにたとえると，オイラー積は「たね（種）」と見ると良い．たね（例えば，植物のたねを思い浮かべてほしい）を育成することが解析接続であり，難しいのである．

1.1　素数の積

素数 $2, 3, 5, 7, 11, \cdots$ に関する積はどんなものでも興味深い．

たとえば，オイラー(1707－1783) が発見した

(A)　$$\prod_{p:\text{素数}} \frac{p^2+1}{p^2-1} = \frac{5}{2}$$

(B)　$$\prod_{p:\text{素数}} \frac{p^2}{p^2-1} = \frac{\pi^2}{6}$$

(C)　$$\prod_{p:\text{素数}} \frac{p^4}{p^4-1} = \frac{\pi^4}{90}$$

などは代表的なものであり，オイラー積と呼ばれるものの例となっている．ここで，π（パイ）は円周率 3.14159265…である．(B) と (C) はゼータ関数の 2 と 4 における値の表示であり，(A) はそれから出る．実際，

$$\zeta_{\mathbb{Z}}(s) = \prod_{p:\text{素数}} (1-p^{-s})^{-1} = \prod_{p:\text{素数}} \frac{p^s}{p^s-1}$$

は $s>1$ のときには収束して値が定まり，

$$\zeta_{\mathbb{Z}}(s) = \sum_{n=1}^{\infty} n^{-s}$$

という展開表示を持ち，特殊値表示

(B)　$$\zeta_{\mathbb{Z}}(2) = \frac{\pi^2}{6}$$

(C)　$$\zeta_{\mathbb{Z}}(4) = \frac{\pi^4}{90}$$

はオイラーが証明した．

このうち，(B) の値を求めることはスイスのバーゼルにおいて 17 世紀末からベルヌイ一族の数学者を中心として問題とされていたもので《バーゼル問題》と呼ばれる有名問題となっていた．それを解決したのが当地の二十代の新星オイラーであった．円周率 π が出現したことも予想外であったが，オイラーの手法も

意外なものであり，三角関数の無限積表示

$$\sin(\pi x)=\pi x\prod_{n=1}^{\infty}\left(1-\frac{x^2}{n^2}\right)$$

を発見して活用するのである．それについては後で説明することにしよう．

さて，(A) は (B) と (C) からすぐわかるのであるが，(A) の特長は素数全体に関する積が (B) や (C) のように円周率 π を含む超越数ではなく，値が有理数というところにある．導くには

$$\begin{aligned}\frac{p^2+1}{p^2-1}&=\frac{(p^2+1)(p^2-1)}{(p^2-1)(p^2-1)}\\&=\frac{p^4-1}{(p^2-1)^2}=\frac{p^4-1}{p^4}\cdot\left(\frac{p^2}{p^2-1}\right)^2\end{aligned}$$

と変形してから (B)(C) を用いて

$$\begin{aligned}\prod_{p:\text{素数}}\frac{p^2+1}{p^2-1}&=\prod_{p:\text{素数}}\frac{p^4-1}{p^4}\cdot\left(\prod_{p:\text{素数}}\frac{p^2}{p^2-1}\right)^2\\&=\frac{90}{\pi^4}\cdot\left(\frac{\pi^2}{6}\right)^2\\&=\frac{90}{36}\\&=\frac{5}{2}\end{aligned}$$

とすればよい．全く同様にして，$m=1,2,3,\cdots$ に対して

$$\prod_{p:\text{素数}}\frac{p^{2m}+1}{p^{2m}-1}$$

は有理数となり，ベルヌイ数で明示できることがわかる．ここで，ベルヌイ数とは，展開係数

$$\frac{x}{e^x-1}=\sum_{k=0}^{\infty}\frac{B_k}{k!}x^k\quad(|x|<2\pi)$$

によって定まる有理数

$$B_0=1,\ B_1=-\frac{1}{2},\ B_2=\frac{1}{6},\ B_3=0,\ B_4=-\frac{1}{30},$$

$$B_5=0,\ B_6=\frac{1}{42},\ B_7=0,\ B_8=-\frac{1}{30},\ B_9=0,$$

$$B_{10}=\frac{5}{66},\ \cdots$$

である．こうしたときに，(B) と (C) を一般化して，$m=1,2,3,\cdots$ に対して

$$\begin{aligned}\zeta_{\mathbb{Z}}(2m)&=\prod_{p:\text{素数}}\frac{p^{2m}}{p^{2m}-1}\\&=(-1)^{m-1}\frac{B_{2m}(2\pi)^{2m}}{2(2m)!}\end{aligned}$$

となることが証明される（オイラー）．

求め方は，三角関数に対するオイラーの表示（1735 年）

$$\sin(\pi x)=\pi x\prod_{n=1}^{\infty}\left(1-\frac{x^2}{n^2}\right)$$

からはじめるのがわかりやすい．そのまま使用してもよいが，ここでは対数微分をとろう．すると

$$\pi\cot(\pi x)=\frac{1}{x}-\sum_{n=1}^{\infty}\frac{2x}{n^2-x^2}$$

となるので，$|x|<1$ において次のように変形できる：

$$\begin{aligned}\pi\cot(\pi x)&=\frac{1}{x}-\frac{2}{x}\sum_{n=1}^{\infty}\frac{\frac{x^2}{n^2}}{1-\frac{x^2}{n^2}}\\&=\frac{1}{x}-\frac{2}{x}\sum_{n=1}^{\infty}\sum_{m=1}^{\infty}\left(\frac{x^2}{n^2}\right)^m\\&=\frac{1}{x}-\frac{2}{x}\sum_{m=1}^{\infty}\zeta_{\mathbb{Z}}(2m)x^{2m}.\end{aligned}$$

したがって，$|x|<1$ に対して，等式

$$\sum_{m=1}^{\infty}\zeta_{\mathbb{Z}}(2m)x^{2m} = -\frac{x}{2}\left(\pi\cot(\pi x)-\frac{1}{x}\right)$$
$$= -\frac{\pi x}{2}\cot(\pi x)+\frac{1}{2}$$
$$= -\frac{\pi x}{2}\cdot\frac{\cos(\pi x)}{\sin(\pi x)}+\frac{1}{2}$$
$$= -\frac{\pi i x}{2}\cdot\frac{e^{\pi i x}+e^{-\pi i x}}{e^{\pi i x}-e^{-\pi i x}}+\frac{1}{2}$$
$$= -\frac{1}{2}\cdot\frac{2\pi i x}{e^{2\pi i x}-1}-\frac{\pi i x}{2}+\frac{1}{2}$$
$$= -\frac{1}{2}\sum_{k=0}^{\infty}\frac{B_k}{k!}(2\pi i x)^k-\frac{\pi i x}{2}+\frac{1}{2}$$
$$= -\frac{1}{2}\sum_{k=2}^{\infty}\frac{B_k(2\pi i)^k}{k!}x^k$$

が成立する．ただし，$B_0=1,\ B_1=-\frac{1}{2}$ を用いた．

したがって，x^{2m} の係数を比較して

$$\zeta_{\mathbb{Z}}(2m) = -\frac{B_{2m}(2\pi i)^{2m}}{2(2m)!}$$
$$= (-1)^{m-1}\frac{B_{2m}(2\pi)^{2m}}{2(2m)!}$$

を得る．これがオイラーの結果である．
このようにして

$$\prod_{p:\text{素数}}\frac{p^{2m}+1}{p^{2m}-1} = \prod_{p:\text{素数}}\frac{p^{4m}-1}{p^{4m}}\cdot\left(\prod_{p:\text{素数}}\frac{p^{2m}}{p^{2m}-1}\right)^2$$
$$= \frac{\zeta_{\mathbb{Z}}(2m)^2}{\zeta_{\mathbb{Z}}(4m)}$$
$$= -\frac{(4m)!(B_{2m})^2}{2((2m)!)^2 B_{4m}}$$

がわかった．答えは有理数である．たとえば，

$$\prod_{p:\text{素数}}\frac{p^4+1}{p^4-1} = \frac{\zeta_{\mathbb{Z}}(4)^2}{\zeta_{\mathbb{Z}}(8)} = \frac{\left(\frac{\pi^4}{90}\right)^2}{\frac{\pi^8}{9450}} = \frac{9450}{90^2} = \frac{7}{6}$$

となる．

オイラーのゼータ関数論の詳細については

黒川信重『オイラーのゼータ関数論』現代数学社（2018年），

黒川・小山・馬場・高田『オイラー《ゼータ関数論文集》』日本評論社（2018年）

を読んでほしい．オイラーがどのように書いていたのかも原論文に沿って解説してあるので味わってほしい．

また，オイラーへの導入には

黒川信重『オイラー探検』シュプリンガー東京（2007年）／丸善出版（2012年），

ポール・J・ナーイン（訳：小山信也）『オイラー博士の素敵な数式』日本評論社（2008年）／ちくま学芸文庫（2020年）

を強くすすめたい．どちらも，オイラー生誕300年となった2007年頃の出版であり，オイラーの活躍していたサンクトペテルブルクにおける300周年記念式典（オイラー祭）の報告を読むことができる．

1.2　オイラー積

オイラー積は色々と一般化されてきているが，それらについては徐々に触れることにしたい．起源はオイラーによる

$$\zeta_{\mathbb{Z}}(s)=\prod_{p:\text{素数}}\zeta_{\mathbb{F}_p}(s),$$

$$\zeta_{\mathbb{F}_p}(s)=(1-p^{-s})^{-1}$$

である（1737年）．ここで，

$$\mathbb{Z}=\{0,\pm1,\pm2,\pm3,\cdots\}$$

は整数全体の環であり，

$$\mathbb{F}_p=\{0,1,\cdots,p-1\}$$

は p 元体である（四則演算は $\bmod p$ で計算する）．なお，素朴な意味では，$\zeta_{\mathbb{Z}}(s)$ の収束範囲は実数 s なら $s>1$ である（複素数 s では $\mathrm{Re}(s)>1$）．

念のため触れておくと，

$$\zeta_{\mathbb{Z}}(s)=\sum_{n=1}^{\infty}n^{-s}$$

となることを確認するには

$$\prod_{p:\text{素数}}\zeta_{\mathbb{F}_p}(s)=\prod_{p:\text{素数}}(1+p^{-s}+p^{-2s}+\cdots)$$
$$=\sum_{n=1}^{\infty}n^{-s}$$

とすればよい．素数に関する展開を計算したとき自然数全体が一回ずつ現われるのは「素因数分解の一意性」が成り立つからである．

1.3　オイラー積原理

オイラー積原理とは，オイラー積

$$Z(s)=\prod_{p:\text{素数}}Z_p(s)$$

が与えられたとき

『$Z(s)$ の性質がすべての $Z_p(s)$ の性質と同値』

という形の原理である．種々の形によって定式化することができるので，まずは，簡単な形のときにどうなっているかを書いておこう．

そのために，

$$f(x)=\sum_{k} a(k)x^{k} \in \mathbb{Z}[x, x^{-1}]$$

というローラン多項式（負のべきも許容した多項式）に対して

$$\zeta_{\mathbb{Z}(f)}(s)=\prod_{p:\text{素数}} \zeta_{\mathbb{F}_{p}(f)}(s)$$

というオイラー積を考える．ここで，

$$\zeta_{\mathbb{F}_{p}(f)}(s)=\exp\left(\sum_{m=1}^{\infty} \frac{f(p^{m})}{m} p^{-ms}\right)$$
$$=\prod_{k} \zeta_{\mathbb{F}_{p}}(s-k)^{a(k)}$$

であり，

$$\zeta_{\mathbb{Z}(f)}(s)=\prod_{k} \zeta_{\mathbb{Z}}(s-k)^{a(k)}$$

である．したがって，$\zeta_{\mathbb{Z}}(s)$ と $\zeta_{\mathbb{F}_{p}}(s)$ がすべての $s \in \mathbb{C}$ へと有理型関数として解析接続可能なこと（$\zeta_{\mathbb{F}_{p}}(s)$ の場合は構成からすぐわかるが，$\zeta_{\mathbb{Z}}(s)$ の場合はリーマンによる1859年の偉大な定理である）から，$\zeta_{\mathbb{Z}(f)}(s)$ も $\zeta_{\mathbb{F}_{p}(f)}(s)$ もすべての $s \in \mathbb{C}$ へと有理型関数として解析接続可能である．なお，こういう $\zeta_{\mathbb{Z}(f)}(s)$ や $\zeta_{\mathbb{F}_{p}(f)}(s)$ をテイトモチーフ付のゼータと呼ぶことがある．グロタンディークのモチーフの特殊な場合である．

解析接続とともに大事なことは関数等式である．$\zeta_{\mathbb{Z}(f)}(s)$ と $\zeta_{\mathbb{F}_{p}(f)}(s)$ の関数等式は，保型性

$$f(x^{-1})=Cx^{-D}f(x) \quad (C=\pm 1,\ D \in \mathbb{Z})$$

をみたす $f(x)$ に対して

$$\zeta_{\mathbb{Z}(f)}(D+1-s)^{C}=\zeta_{\mathbb{Z}(f)}(s)S_{\mathbb{Z}(f)}(s),$$
$$\zeta_{\mathbb{F}_{p}(f)}(D-s)^{C}=\zeta_{\mathbb{F}_{p}(f)}(s)S_{\mathbb{F}_{p}(f)}(s)$$

となる．ここで，

$$S_{\mathbb{Z}}(s)=2(2\pi)^{-s}\Gamma(s)\cos\left(\frac{\pi s}{2}\right),$$
$$S_{\mathbb{Z}(f)}(s)=\prod_k S_{\mathbb{Z}}(s-k)^{a(k)}$$
$$S_{\mathbb{F}_p}(s)=-p^{-s},$$
$$S_{\mathbb{F}_p(f)}(s)=\prod_k S_{\mathbb{F}_p}(s-k)^{a(k)}$$

である．もちろん，$f(x)=1$ の場合には関数等式

$$\zeta_{\mathbb{Z}}(1-s)=\zeta_{\mathbb{Z}}(s)S_{\mathbb{Z}}(s),$$
$$\zeta_{\mathbb{F}_p}(-s)=\zeta_{\mathbb{F}_p}(s)S_{\mathbb{F}_p}(s)$$

となる．関数等式の話は次章以降に詳しくしよう．

練習問題 1　次のオイラー積原理を示せ．

$$\zeta_{\mathbb{Z}(f)}(s)=1 \iff \text{すべての } p \text{ に対して } \zeta_{\mathbb{F}_p(f)}(s)=1.$$

解答　$\Leftarrow$ は p に関する積を考えればよいので（解析接続しても）成立する．$\Rightarrow$ はオイラー積やディリクレ級数についての議論を使うこともできるが，より簡単には

$$\zeta_{\mathbb{Z}(f)}(s)=1 \iff f=0$$

に注目することであり，これがわかると

$$\zeta_{\mathbb{Z}(f)}(s)=1 \Rightarrow f=0 \Rightarrow \text{すべての } p \text{ に対して } \zeta_{\mathbb{F}_p(f)}(s)=1$$

と流れて行く．さて，

$$\zeta_{\mathbb{Z}(f)}(s)=1 \iff f=0$$

の導き方であるが，$\Leftarrow$ は明らかであるので，$\Rightarrow$ を示そう．それには対偶

$$f\neq 0 \Rightarrow \zeta_{\mathbb{Z}(f)}(s)\neq 1 \text{（定数 1 ではない関数）}$$

を見ればよい．いま，

$$f(x)=\sum_{k\leq K}a(k)x^k,\ a(K)\neq 0$$

とする．このとき，仮に

$$\zeta_{\mathbb{Z}(f)}(s)=1\ (\text{定数 } 1 \text{ 関数})$$

とすれば

$$\prod_{k\leq K}\zeta_{\mathbb{Z}}(s-k)^{a(k)}=1$$

より等式

$$\zeta_{\mathbb{Z}}(s-K)^{a(K)}=\prod_{k<K}\zeta_{\mathbb{Z}}(s-k)^{-a(k)}$$

が成立する．

ここで，左辺は $\zeta_{\mathbb{Z}}(1)=\infty$（$\zeta_{\mathbb{Z}}(s)$ は $s=1$ において1位の極を持っている）を用いると，$s=K+1$ において値は ∞（$a(K)>0$ のとき）か 0（$a(K)<0$ のとき）となることがわかり，右辺は $s=K+1$ において $\prod_{k<K}\zeta_{\mathbb{Z}}((K-k)+1)^{-a(k)}$ という 0 でない有限値を取ることがわかり，矛盾する．したがって，

$$f\neq 0\ \Rightarrow\ \zeta_{\mathbb{Z}(f)}(s)\neq 1$$

が成立する．　　　　**（解答終）**

このことは次の形に拡張することができる（見晴らしが良くなる）．上記の問題は $g=0$ のときである．(1) $\Longleftrightarrow$ (2) はオイラー積原理の例である．

練習問題2　$f,g\in\mathbb{Z}[x,x^{-1}]$ に対して次は同値であることを示せ．

(1) $\zeta_{\mathbb{Z}(f)}(s)=\zeta_{\mathbb{Z}(g)}(s)$.

(2) すべての p に対して $\zeta_{\mathbb{F}_p(f)}(s)=\zeta_{\mathbb{F}_p(g)}(s)$.

(3) $f=g$.

解答　$h=f-g$ とすると

$$\frac{\zeta_{\mathbb{Z}(f)}(s)}{\zeta_{\mathbb{Z}(g)}(s)}=\zeta_{\mathbb{Z}(h)}(s),$$

$$\frac{\zeta_{\mathbb{F}_p(f)}(s)}{\zeta_{\mathbb{F}_p(g)}(s)}=\zeta_{\mathbb{F}_p(h)}(s)$$

が成立するので，練習問題1と解答から，(1)(2)(3) は同値とわかる．　**(解答終)**

ここでの話は $\mathbb{Z}$ を $\mathbb{Z}$ 上有限成生成の可換環（ゼータ関数はハッセゼータ関数）へと拡張することができる．

1.4　ある類似

練習問題2の形のオイラー積原理は次の結果の類似と考えられる．

練習問題3　$a,b\in\mathbb{Z}$ に対して

$$a=b \iff \text{すべての素数 } p \text{ に対して } a\equiv b \bmod p$$

が成立することを示せ．

解答　左辺の等式と右辺の合同式を $a-b=0$ および $a-b\equiv 0 \bmod p$ と書き直してみると，$a\in\mathbb{Z}$ に対して

$$a=0 \iff \text{すべての素数 } p \text{ に対して } a\equiv 0 \bmod p$$

を示せばよい．これは，標準的な環準同型

$$\begin{array}{ccc} \mathbb{Z} & \longrightarrow & \displaystyle\prod_{p:\text{素数}} \mathbb{F}_p \\ \cup\!\!\!| & & \cup\!\!\!| \\ a & \longmapsto & (a \bmod p)_p \end{array}$$

が単射であることと同値である．実際に単射になることは，

$a\neq 0$ なら $-p<a<p$ となる素数 p をとること（つまり，充分大の素数をとること）により，$a \bmod p$ が 0 でなくなることからわかる. **（解答終）**

これは「局所大域原理（local-global principle）あるいは「ハッセ原理（Hasse principle）」と呼ばれるものの素朴な一例と考えることができる．証明も込めて

加藤和也・黒川信重・斎藤毅『数論 I』岩波書店（2005年）

を読まれたい．

1.5　リーマン面のセルバーグゼータ関数

セルバーグゼータ関数の場合を触れておこう．種数が 2 以上のコンパクトリーマン面 M のセルバーグゼータ関数はオイラー積表示

$$\zeta_M(s)=\prod_{P\in \mathrm{Prim}(M)}\zeta_P(s)$$

によって構成される．ここで，$\mathrm{Prim}(M)$ は M の素な閉測地線全体の集合（可算無限集合）であり，各 $P\in \mathrm{Prim}(M)$ に対して

$$\zeta_P(s)=(1-N(P)^{-s})^{-1}$$

である．ただし，測地線 P の長さを $\ell(P)$ としたとき

$$N(P)=\exp(\ell(P))$$

と定める．

1950 年代前半にセルバーグは $\zeta_M(s)$ が $s\in\mathbb{C}$ 全体に有理型関数として解析接続可能なことを証明した．もう少し詳しく述べると，$\zeta_M(s)$ は $\mathrm{Re}(s)>1$ ではオイラー積が絶対収束していて，$\mathrm{Re}(s)\geqq 1$ においては $s=1$ の 1 位の極を除いて正則で零点

なしの関数に解析接続され，さらに，$s \in \mathbb{C}$ 全体へと有理型に解析接続される．そのための主要な道具は「セルバーグ跡公式 (Selberg trace formula)」である．

さらに，セルバーグは上に述べた $\zeta_M(s)$ の $\mathrm{Re}(s)=1$ 上における性質から「素数定理」の類似物である素測地線定理

$$\pi_M(x) \sim \frac{x}{\log x} \quad (x \to \infty)$$

を証明した．ここで，

$$\pi_M(x) = |\{P \in \mathrm{Prim}(M) \mid N(P) \leqq x\}|$$

である．なお，素数定理とは，通常の素数の場合の

$$\pi(x) = |\{p \text{ は素数} \mid p \leqq x\}|$$

に対する定理（形が同じであることに注意されたい）

$$\pi(x) \sim \frac{x}{\log x} \quad (x \to \infty)$$

のことであり 1896 年にド・ラ・ヴァレ・プーサンとアダマールによって $\zeta_{\mathbb{Z}}(s)$ の $\mathrm{Re}(s)=1$ 上における性質から証明された．

さて，

$$f(x) = \sum_k a(k) x^k \in \mathbb{Z}[x, x^{-1}]$$

に対して

$$\zeta_{M(f)}(s) = \prod_k \zeta_M(s-k)^{a(k)},$$

$$\zeta_{P(f)}(s) = \prod_k \zeta_P(s-k)^{a(k)}$$

と定める．したがって，等式

$$\zeta_{M(f)}(s) = \prod_{P \in \mathrm{Prim}(M)} \zeta_{P(f)}(s)$$

がオイラー積となる．このとき，オイラー積原理の一例が成立する．

練習問題4　$f, g \in \mathbb{Z}[x, x^{-1}]$ に対して次は同値であることを示せ.

(1) $\zeta_{M(f)}(s) = \zeta_{M(g)}(s)$.

(2) すべての P に対して $\zeta_{P(f)}(s) = \zeta_{P(g)}(s)$.

(3) $f = g$.

解答　$h = f - g$ を考えると, (1)(2)(3) は順に

(1*) $\zeta_{M(h)}(s) = 1$,

(2*) すべての P に対して $\zeta_{P(h)}(s) = 1$,

(3*) $h = 0$

と同値となることがわかる. 実際,

$$\zeta_{M(h)}(s) = \frac{\zeta_{M(f)}(s)}{\zeta_{M(g)}(s)},$$

$$\zeta_{P(h)}(s) = \frac{\zeta_{P(f)}(s)}{\zeta_{P(g)}(s)}$$

である.

このようにして, (1*)(2*)(3*) の同値性を示せば良いことがわかるが, (3*) ⇒ (2*) ⇒ (1*) は明白なので, (1*) ⇒ (3*) を示す. それには対偶

$$h \neq 0 \Rightarrow \zeta_{M(h)}(s) \neq 1 \quad \text{（定数 1 関数ではないこと）}$$

を示せばよい. いま, $h \neq 0$ として

$$h(x) = \sum_{k \leq K} c(k) x^k,\ c(K) \neq 0$$

とする. このときに等式

$$\zeta_{M(h)}(s) = 1$$

が成り立っていたと仮定すると等式

$$\zeta_M(s-K)^{c(K)} = \prod_{k<K} \zeta_M(s-k)^{-c(k)}$$

を得る．この等式を $s=K+1$ において見ると，左辺は $\zeta_M(s)$ が $s=1$ において 1 位の極をもつことから

$$\zeta_M(1)^{c(K)}=\begin{cases}\infty \cdots\cdots c(K)>0 \\ 0 \cdots\cdots c(K)<0\end{cases}$$

であり，右辺は $\prod_{k<K}\zeta_M((K-k)+1)^{-c(k)}$ という非零の有限値となり，矛盾する．よって $\zeta_{M(h)}(s)\neq 1$ となり，(1*) ⇒ (3*) が示された．　**（解答終）**

セルバーグゼータ関数論においては

$$Z_M(s)=\prod_{P\in\mathrm{Prim}(M)}\prod_{n=0}^{\infty}(1-N(P)^{-s-n})$$
$$=\prod_{n=0}^{\infty}\zeta_M(s+n)^{-1}$$

も活躍する．このときは

$$Z_P(s)=\prod_{n=0}^{\infty}(1-N(P)^{-s-n})=\prod_{n=0}^{\infty}\zeta_P(s+n)^{-1}$$

としたオイラー積表示

$$Z_M(s)=\prod_{P\in\mathrm{Prim}(M)}Z_P(s)$$

およびテイトモチーフ付のオイラー積

$$Z_{M(f)}(s)=\prod_{P\in\mathrm{Prim}(M)}Z_{P(f)}(s)$$

が問題となる．ただし，

$$Z_{M(f)}(s)=\prod_{k}Z_M(s-k)^{a(k)},$$
$$Z_{P(f)}(s)=\prod_{k}Z_P(s-k)^{a(k)}$$

である．このように考えると自由度が増えて，たとえば

$$h(x)=x^{-1}-1$$

とおくと

$$\zeta_M(s)=\frac{Z_M(s+1)}{Z_M(s)}=Z_{M(h)}(s)$$

であり，より一般に

$$\zeta_{M(f)}(s)=Z_{M(hf)}(s)$$

である．

1.6 展望

古典的なオイラー積は，乗法的関数 $a(n)$ $(n=1,2,3,\cdots)$ から得られるディリクレ級数

$$Z(s)=\sum_{n=1}^{\infty}a(n)n^{-s}$$

の場合のオイラー積

$$Z(s)=\prod_{p:\text{素数}}Z_p(s)$$

が有名である，ここで

$$Z_p(s)=\sum_{k=0}^{\infty}a(p^k)p^{-ks}$$

である．自然に考えられる問題は $Z(s)$ が $s\in\mathbb{C}$ 全体に解析接続可能なときに $m=1,2,3,\cdots$ に対して

$$\sum_{h=1}^{\infty}a(n)^m n^{-s}\quad\text{および}\quad\sum_{n=1}^{\infty}a(n^m)n^{-s}$$

も $s\in\mathbb{C}$ 全体に解析接続可能かどうかというものであり，ラマヌジャン予想の研究などから重要である．

とくに，$\tau(n)$ というラマヌジャンの τ 関数が代表的な場合である．このとき，$m\geqq 3$ に対しては

$$\sum_{n=1}^{\infty}\tau(n)^m n^{-s}\quad\text{および}\quad\sum_{n=1}^{\infty}\tau(n^m)n^{-s}$$

は $\mathrm{Re}(s) > \frac{11m}{2}$ において有理型関数に解析接続可能であるが $\mathrm{Re}(s) = \frac{11m}{2}$ を自然境界にもち，$\mathrm{Re}(s) \leqq \frac{11m}{2}$ へは絶対に解析接続不可能である（黒川）とわかる．

その証明は複雑であるが，オイラー積原理の一例であり，徐々に解説しよう．そのためには，オイラー積の枠組から考え直さねばならなくなる．世阿弥『三道』（種・作・書）が模範である．

第2章
関数等式

オイラー積の関数等式は数論の核心にある．それは，ゼータ関数の“左右対称性”と素朴には思っておけばよい．ここでは，テイトモチーフ付のゼータ関数の関数等式を考える．オイラー積原理の観点からすると，大域的（$\mathbb{Z}$ 的）関数等式と局所的（$\mathbb{F}_p$ 的）関数等式の関係が興味深い．

その方面の研究はほとんどされていない．それは，困難すぎる問題だというあきらめにも似た雰囲気が専門家に多いせいなのか，そもそもそういう問題意識が欠如しているのであろう．

そんなことは気にせずに，関数等式に対するオイラー積原理を得ることにしよう．そのためには『リーマンの夢』（現代数学社）の計算が重要となる．

2.1　リーマンゼータ関数

リーマンゼータ関数

$$\zeta_{\mathbb{Z}}(s)=\prod_{p:\text{素数}}\zeta_{\mathbb{F}_p}(s)$$

の関数等式を見ておこう．ここで，

$$\zeta_{\mathbb{Z}}(s)=\prod_{p:\text{素数}}(1-p^{-s})^{-1},$$

$$\zeta_{\mathbb{F}_p}(s)=(1-p^{-s})^{-1}$$

である．

$\zeta_{\mathbb{Z}}(s)$ の関数等式は 1739 年および 1749 年にオイラーによって

$$\zeta_{\mathbb{Z}}(1-s)=\zeta_{\mathbb{Z}}(s)S_{\mathbb{Z}}(s),$$
$$S_{\mathbb{Z}}(s)=2(2\pi)^{-s}\Gamma(s)\cos\left(\frac{\pi s}{2}\right)$$

の形で発見された（黒川『オイラーのゼータ関数論』）．このと$S_{\mathbb{Z}}(s)$を“ガンマ因子”と呼ぶ．たとえば，$s=2$とすると，

$$\zeta_{\mathbb{Z}}(-1)=\zeta_{\mathbb{Z}}(2)S_{\mathbb{Z}}(2)$$

という等式となる．ここで，前章で見た通り，オイラーの結果

$$\zeta_{\mathbb{Z}}(2)=\frac{\pi^2}{6}$$

と簡単な計算

$$S_{\mathbb{Z}}(2)=-\frac{1}{2\pi^2}$$

を用いると，

$$\zeta_{\mathbb{Z}}(-1)=-\frac{1}{12}$$

ということになる．これは，展開表示

$$\zeta_{\mathbb{Z}}(s)=\sum_{n=1}^{\infty}n^{-s}$$

からすると，しばしば

$$\text{“}1+2+3+\cdots\text{”}=-\frac{1}{12}$$

と書き表わされる等式である（黒川「自然数すべての和と積」『大学への数学』2021年3月号）．オイラーは$\zeta_{\mathbb{Z}}(2)=\frac{\pi^2}{6}$と$\zeta_{\mathbb{Z}}(-1)=-\frac{1}{12}$などを別々に求めて，関数等式を発見したのである．

現代的視点からは，関数等式を証明する前に$s\in\mathbb{C}$全体への解析接続を行う必要がある．それを実行したのが1859年11月のリーマンの論文である．その概略を見よう．リーマンは2つの方法を示しているが，片方だけ紹介しよう．それは，保型形式のゼータ関数へと一般化される方法である．

リーマンは，積分表示

$$\zeta_{\mathbb{Z}}(s)=\frac{1}{\Gamma_{\mathbb{R}}(s)}\int_0^\infty \frac{\vartheta(ix)-1}{2}x^{\frac{s}{2}-1}dx \quad (\mathrm{Re}(s)>1)$$

から出発する．ここで，

$$\vartheta(z)=\sum_{n=-\infty}^{\infty} e^{\pi i n^2 z} \quad (\mathrm{Im}(z)>0)$$

はテータ関数であり，

$$\Gamma_{\mathbb{R}}(s)=\pi^{-\frac{s}{2}}\Gamma\left(\frac{s}{2}\right)$$

である．積分表示が成立する理由は

$$\frac{\vartheta(ix)-1}{2}=\sum_{n=1}^{\infty} e^{-\pi n^2 x}$$

より

$$\begin{aligned}\int_0^\infty \frac{\vartheta(ix)-1}{2}x^{\frac{s}{2}-1}dx &= \sum_{n=1}^{\infty}\int_0^\infty e^{-\pi n^2 x}x^{\frac{s}{2}-1}dx \\ &= \sum_{n=1}^{\infty}\Gamma_{\mathbb{R}}(s)n^{-s} \\ &= \Gamma_{\mathbb{R}}(s)\zeta_{\mathbb{Z}}(s)\end{aligned}$$

となるからである．ただし，$a, b>0$ に対してオイラーの公式

$$\int_0^\infty e^{-ax}x^{b-1}dx=a^{-b}\Gamma(b)$$

を用いている（$\mathrm{Re}(b)>0$ でもよい）．ここで，$a=\pi n^2$, $b=\frac{s}{2}$ とすれば

$$\begin{aligned}\int_0^\infty e^{-\pi n^2 x}x^{\frac{s}{2}-1}dx &= (\pi n^2)^{-\frac{s}{2}}\Gamma\left(\frac{s}{2}\right) \\ &= \Gamma_{\mathbb{R}}(s)n^{-s}\end{aligned}$$

となるのである．

次に，テータ関数の保型性

$$\vartheta\left(-\frac{1}{z}\right)=\sqrt{\frac{z}{i}}\,\vartheta(z)$$

を $z=ix$ の場合に適用した等式

$$\vartheta\left(i\frac{1}{x}\right)=\sqrt{x}\,\vartheta(ix)$$

を思い出しておく．

すると，簡単のために

$$\hat{\zeta}_{\mathbb{Z}}(s)=\zeta_{\mathbb{Z}}(s)\Gamma_{\mathbb{R}}(s),$$

$$\varphi(x)=\frac{\vartheta(ix)-1}{2}=\sum_{n=1}^{\infty}e^{-\pi n^2 x}$$

と書いておく──$\hat{\zeta}_{\mathbb{Z}}(s)$ は完備リーマンゼータ関数と呼ばれる──と $\mathrm{Re}(s)>1$ において

$$\begin{aligned}
\hat{\zeta}_{\mathbb{Z}}(s)&=\int_0^{\infty}\varphi(x)x^{\frac{s}{2}}\frac{dx}{x}\\
&=\int_1^{\infty}\varphi(x)x^{\frac{s}{2}}\frac{dx}{x}+\int_0^{1}\varphi(x)x^{\frac{s}{2}}\frac{dx}{x}\\
&=\int_1^{\infty}\varphi(x)x^{\frac{s}{2}}\frac{dx}{x}+\int_1^{\infty}\varphi\left(\frac{1}{x}\right)x^{-\frac{s}{2}}\frac{dx}{x}\\
&=\int_1^{\infty}\varphi(x)x^{\frac{s}{2}}\frac{dx}{x}+\int_1^{\infty}\left(x^{\frac{1}{2}}\varphi(x)+\frac{1}{2}x^{\frac{1}{2}}-\frac{1}{2}\right)x^{-\frac{s}{2}}\frac{dx}{x}\\
&=\int_1^{\infty}\varphi(x)(x^{\frac{s}{2}}+x^{\frac{1-s}{2}})\frac{dx}{x}+\int_1^{\infty}\left(\frac{1}{2}x^{\frac{1}{2}}-\frac{1}{2}\right)x^{-\frac{s}{2}}\frac{dx}{x}\\
&=\int_1^{\infty}\varphi(x)(x^{\frac{s}{2}}+x^{\frac{1-s}{2}})\frac{dx}{x}+\left[\frac{x^{\frac{1-s}{2}}}{1-s}+\frac{x^{-\frac{s}{2}}}{s}\right]_1^{\infty}\\
&=\int_1^{\infty}\varphi(x)(x^{\frac{s}{2}}+x^{\frac{1-s}{2}})\frac{dx}{x}-\frac{1}{s(1-s)}
\end{aligned}$$

という表示が得られる．これは，すべての $s\in\mathbb{C}$ に対する有理型関数としての解析接続を与えているとともに，関数等式

$$\hat{\zeta}_{\mathbb{Z}}(1-s)=\hat{\zeta}_{\mathbb{Z}}(s)$$

も明白に示している．

この関数等式がオイラーの関数等式

$$\zeta_{\mathbb{Z}}(1-s)=\zeta_{\mathbb{Z}}(s)S_{\mathbb{Z}}(s),$$

$$S_{\mathbb{Z}}(s)=2(2\pi)^{-s}\Gamma(s)\cos\left(\frac{\pi s}{2}\right)$$

と同値であることを見るには

$$\frac{\Gamma_{\mathbb{R}}(s)}{\Gamma_{\mathbb{R}}(1-s)} = S_{\mathbb{Z}}(s)$$

となることを示せばよい．そのためには

$$\Gamma_{\mathbb{C}}(s) = 2(2\pi)^{-s}\Gamma(s)$$

がガンマ関数の 2 倍角の公式を用いると

$$\Gamma_{\mathbb{C}}(s) = \Gamma_{\mathbb{R}}(s)\Gamma_{\mathbb{R}}(s+1)$$

となることに注意しておく（各自確認されたい）とわかりやすくなる．したがって，示すべき等式は

$$\frac{1}{\Gamma_{\mathbb{R}}(1+s)\Gamma_{\mathbb{R}}(1-s)} = \cos\left(\frac{\pi s}{2}\right)$$

であり，

$$\frac{1}{\Gamma\left(\frac{1+s}{2}\right)\Gamma\left(\frac{1-s}{2}\right)} = \frac{\cos\left(\frac{\pi s}{2}\right)}{\pi}$$

と同値である．そして，これはオイラーの等式

$$\frac{1}{\Gamma(x)\Gamma(1-x)} = \frac{\sin(\pi x)}{\pi}$$

において $x = \dfrac{1+s}{2}$ としたものであり，成立する．

2.2　テイトモチーフ版

ローラン多項式

$$f(x) = \sum_k a(k)x^k \in \mathbb{Z}[x, x^{-1}]$$

に対して

$$\zeta_{\mathbb{Z}(f)}(s) = \prod_k \zeta_{\mathbb{Z}}(s-k)^{a(k)},$$

$$\zeta_{\mathbb{F}_p(f)}(s) = \prod_k \zeta_{\mathbb{F}_p}(s-k)^{a(k)},$$

$$\zeta_{\mathbb{F}_1(f)}(s) = \prod_k \zeta_{\mathbb{F}_1}(s-k)^{a(k)}$$

とおく．これらをテイトモチーフ付のゼータ関数と呼ぶ．ただし，

$$\zeta_{\mathbb{F}_p}(s)=(1-p^{-s})^{-1},$$
$$\zeta_{\mathbb{F}_1}(s)=\frac{1}{s}$$

の関数等式は

$$S_{\mathbb{F}_p}(s)=-p^{-s},$$
$$S_{\mathbb{F}_1}(s)=-1$$

としたとき

$$\zeta_{\mathbb{F}_p}(-s)=\zeta_{\mathbb{F}_p}(s)S_{\mathbb{F}_p}(s),$$
$$\zeta_{\mathbb{F}_1}(-s)=\zeta_{\mathbb{F}_1}(s)S_{\mathbb{F}_1}(s)$$

となる．ちなみに，$\zeta_{\mathbb{Z}(f)}(s)$ のオイラー積表示は

$$\zeta_{\mathbb{Z}(f)}(s)=\prod_{p:\text{素数}}\zeta_{\mathbb{F}_p(f)}(s)$$

である，

練習問題 1　$f(x)=\sum_k a(k)x^k\in\mathbb{Z}[x,x^{-1}]$ が保型性
$f(x^{-1})=Cx^{-D}f(x)\ (C=\pm1, D\in\mathbb{Z})$
を持つとき，次の関数等式を示せ．

(1) $\zeta_{\mathbb{F}_1(f)}(D-s)^C=\zeta_{\mathbb{F}_1(f)}(s)S_{\mathbb{F}_1(f)}(s),$

$$S_{\mathbb{F}_1(f)}(s)=\prod_k S_{\mathbb{F}_1}(s-k)^{a(k)}.$$

(2) $\zeta_{\mathbb{F}_p(f)}(D-s)^C=\zeta_{\mathbb{F}_p(f)}(s)S_{\mathbb{F}_p(f)}(s),$

$$S_{\mathbb{F}_p(f)}(s)=\prod_k S_{\mathbb{F}_p}(s-k)^{a(k)}.$$

(3) $\zeta_{\mathbb{Z}(f)}(D+1-s)^C=\zeta_{\mathbb{Z}(f)}(s)S_{\mathbb{Z}(f)}(s),$

$$S_{\mathbb{Z}(f)}(s)=\prod_k S_{\mathbb{Z}}(s-k)^{a(k)}.$$

解 答

(0) 有理型関数 $Z(s)$ と $S(s)$ に対して関数等式

$$Z(d-s)=Z(s)S(s)$$

が成立しているとき，テイトモチーフ版を

$$Z^f(s)=\prod_k Z(s-k)^{a(k)},$$
$$S^f(s)=\prod_k S(s-k)^{a(k)}$$

とおく．このとき，関数等式

$$Z^f(D+d-s)^C=Z^f(s)S^f(s)$$

が成立することを示そう．まず，$f(x)$ の保型性

$$f(x^{-1})=Cx^{-D}f(x)$$

は

$$a(D-k)=Ca(k)\quad（すべての\ k）$$

と同値なことに注意する．そのためには

$$\begin{aligned} x^D f(x^{-1}) &= x^D\sum_k a(k)x^{-k} \\ &= \sum_k a(k)x^{D-k} \\ &= \sum_k a(D-k)x^k \end{aligned}$$

とする．ここで，$k\leftrightarrow D-k$ と置き換えている．よって，

$$\begin{aligned} & f(x^{-1})=Cx^{-D}f(x) \\ & \Leftrightarrow\ x^D f(x^{-1})=Cf(x) \\ & \Leftrightarrow\ \sum_k a(D-k)x^k=\sum Ca(k)x^k \\ & \Leftrightarrow\ a(D-k)=Ca(k)\ \ （すべての\ k） \end{aligned}$$

がわかった．

　したがって，

$$\begin{aligned} Z^f(D+d-s)^C &= \prod_k Z((D+d-s)-k)^{Ca(k)} \\ &= \prod_k Z(d-s+(D-k))^{Ca(k)} \\ &= \prod_k Z(d-s+(D-k))^{a(D-k)} \end{aligned}$$

となる．ここで，$k \leftrightarrow D-k$ と置き換えてから関数等式を用いると

$$\begin{aligned} Z^f(D+d-s)^C &= \prod_k Z(d-s+k)^{a(k)} \\ &= \prod_k Z(d-(s-k))^{a(k)} \\ &= \prod_k (Z(s-k)S(s-k))^{a(k)} \\ &= Z^f(s)S^f(s) \end{aligned}$$

となる．

(1) $Z(s)=\zeta_{\mathbb{F}_1}(s),\quad S(s)=-1$

とすると

$$Z^f(s)=\zeta_{\mathbb{F}_1(f)}(s),\quad S^f(s)=S_{\mathbb{F}_1(f)}(s)$$

となるので，(0) より (1) が得られる．

(2) $Z(s)=\zeta_{\mathbb{F}_p}(s),\quad S(s)=-p^{-s}$

とすると

$$Z^f(s)=\zeta_{\mathbb{F}_p(f)}(s),\quad S^f(s)=S_{\mathbb{F}_p(f)}(s)$$

となるので，(0) より (2) を得る．

(3) $Z(s)=\zeta_{\mathbb{Z}}(s),\quad S(s)=2(2\pi)^{-s}\Gamma(s)\cos\left(\frac{\pi s}{2}\right)$

とすると

$$Z^f(s)=\zeta_{\mathbb{Z}(f)}(s),\quad S^f(s)=S_{\mathbb{Z}(f)}(s)$$

となるので，(0) より (3) を得る．　**（解答終）**

2.3　簡単なガンマ因子

保型性をもつ f に対して関数等式の“ガンマ因子”が簡単になる場合を調べておこう.

練習問題2　次を示せ.

(1) $S_{\mathbb{F}_1(f)}(s)=1 \Leftrightarrow f(1)$ は偶数.

(2) $S_{\mathbb{F}_p(f)}(s)=1 \Leftrightarrow f(1)=f'(1)=0$.

(3) $S_{\mathbb{Z}(f)}(s)$ は s の有理関数

$\Leftrightarrow f(1)=f(-1)=0$.

解答

(1)
$$S_{\mathbb{F}_1(f)}(s)=\prod_k S_{\mathbb{F}_1}(s-k)^{a(k)}$$
$$=\prod_k (-1)^{a(k)}=(-1)^{f(1)}$$

であるから,

$$S_{\mathbb{F}_1(f)}(s)=1 \Leftrightarrow f(1) \text{ は偶数.}$$

(2)
$$S_{\mathbb{F}_p(f)}(s)=\prod_k S_{\mathbb{F}_p}(s-k)^{a(k)}$$
$$=\prod_k (-p^{k-s})^{a(k)}$$
$$=(-1)^{f(1)}\cdot p^{f'(1)}\cdot p^{-f(1)s}$$

である. ただし,

$$\sum_k a(k)=f(1),\ \sum_k ka(k)=f'(1)$$

を用いている. したがって,

$$S_{\mathbb{F}_p(f)}(s)=1 \Leftrightarrow f(1)=f'(1)=0.$$

(3) $S_{\mathbb{Z}}(s)=\dfrac{\Gamma_{\mathbb{R}}(s)}{\Gamma_{\mathbb{R}}(1-s)}$

であるから,

$$\begin{aligned} S_{\mathbb{Z}(f)}(s)&=\prod_k\left(\frac{\Gamma_{\mathbb{R}}(s-k)}{\Gamma_{\mathbb{R}}(1-s+k)}\right)^{a(k)}\\ &=\prod_k\left(\frac{\pi^{-\frac{s-k}{2}}\Gamma\left(\frac{s-k}{2}\right)}{\pi^{-\frac{1-s+k}{2}}\Gamma\left(\frac{1-s+k}{2}\right)}\right)^{a(k)}\\ &=\pi^{\frac{f(1)}{2}+f'(1)}\cdot\pi^{-f(1)s}\cdot\prod_k\left(\frac{\Gamma\left(\frac{s-k}{2}\right)}{\Gamma\left(\frac{1-s+k}{2}\right)}\right)^{a(k)} \end{aligned}$$

が有理関数となる場合を求めればよい．記述を簡単にするために，2つの零でない有理型関数 $Z_1(s)$ と $Z_2(s)$ に対して

$$Z_1(s)\approx Z_2(s)$$

によって，$Z_1(s)/Z_2(s)$ が有理関数であることを表すことにする．この $\approx$ は同値関係となる．次を示す．

(☆) $S_{\mathbb{Z}(f)}(s)\approx\pi^{-f(1)s}\left(\dfrac{\Gamma\left(\frac{s}{2}\right)}{\Gamma\left(\frac{1-s}{2}\right)}\right)^{\frac{f(1)+f(-1)}{2}}\left(\dfrac{\Gamma\left(\frac{s+1}{2}\right)}{\Gamma\left(\frac{2-s}{2}\right)}\right)^{\frac{f(1)-f(-1)}{2}}.$

これが示されたなら,

$$f(1)=f(-1)=0\ \Rightarrow\ S_{\mathbb{Z}(f)}(s)\text{ は有理関数}$$

は（☆）の右辺が1となることから明白である．また，$f(1)=f(-1)=0$ でないならば

$$b=\frac{f(1)+f(-1)}{2}=\sum_{k:\text{偶}}a(k)\in\mathbb{Z},$$

$$c=\frac{f(1)-f(-1)}{2}=\sum_{k:\text{奇}}a(k)\in\mathbb{Z}$$

とおいたときに，b か c は 0 でない．このとき

$$\pi^{-f(1)s}\left(\frac{\Gamma\left(\frac{s}{2}\right)}{\Gamma\left(\frac{1-s}{2}\right)}\right)^{b}\left(\frac{\Gamma\left(\frac{s+1}{2}\right)}{\Gamma\left(\frac{2-s}{2}\right)}\right)^{c}$$

の零点および極を見ると（どちらも）無限個存在することがわかる．したがって，$S_{\mathbb{Z}(f)}(s)$ は有理関数ではない．

さて，(☆) は

$$\prod_{k:\text{偶}} \Gamma\left(\frac{s-k}{2}\right)^{a(k)} \approx \prod_{k:\text{偶}} \Gamma\left(\frac{s}{2}\right)^{a(k)} = \Gamma\left(\frac{s}{2}\right)^{b},$$

$$\prod_{k:\text{偶}} \Gamma\left(\frac{1-s+k}{2}\right)^{a(k)} \approx \prod_{k:\text{偶}} \Gamma\left(\frac{1-s}{2}\right)^{a(k)} = \Gamma\left(\frac{1-s}{2}\right)^{b},$$

$$\prod_{k:\text{奇}} \Gamma\left(\frac{s-k}{2}\right)^{a(k)} \approx \prod_{k:\text{奇}} \Gamma\left(\frac{s+1}{2}\right)^{a(k)} = \Gamma\left(\frac{s+1}{2}\right)^{c},$$

$$\prod_{k:\text{奇}} \Gamma\left(\frac{1-s+k}{2}\right)^{a(k)} \approx \prod_{k:\text{奇}} \Gamma\left(\frac{2-s}{2}\right)^{a(k)} = \Gamma\left(\frac{2-s}{2}\right)^{c}$$

となるのでわかる．たとえば，

$$\Gamma\left(\frac{s-2}{2}\right) = \Gamma\left(\frac{s}{2}\right)\cdot\left(\frac{s-2}{2}\right)^{-1} \approx \Gamma\left(\frac{s}{2}\right),$$

$$\Gamma\left(\frac{s+2}{2}\right) = \Gamma\left(\frac{s}{2}\right)\cdot\left(\frac{s}{2}\right) \approx \Gamma\left(\frac{s}{2}\right),$$

$$\Gamma\left(\frac{s-1}{2}\right) = \Gamma\left(\frac{s+1}{2}\right)\cdot\left(\frac{s-1}{2}\right)^{-1} \approx \Gamma\left(\frac{s+1}{2}\right),$$

$$\Gamma\left(\frac{s+3}{2}\right) = \Gamma\left(\frac{s+1}{2}\right)\cdot\left(\frac{s+1}{2}\right) \approx \Gamma\left(\frac{s+1}{2}\right)$$

などであり，一般にも全く同じである． **(解答終)**

注意　保型性を持つ f に対して

$$\Gamma_{\mathbb{R}(f)}(s) = \prod_{k} \Gamma_{\mathbb{R}}(s-k)^{a(k)}$$

とおくと

$$S_{\mathbb{Z}(f)}(s) = \frac{\Gamma_{\mathbb{R}(f)}(s)}{\Gamma_{\mathbb{R}(f)}(D+1-s)^{c}}$$

となる．このとき

$$\Gamma_{\mathbb{R}(f)}(s)\text{が有理関数} \Leftrightarrow f(1) = f(-1) = 0$$

の証明は

H.Tanaka "Gamma factors of zeta functions as absolute zeta functions"［田中秀和「ゼータ関数のガンマ因子を絶対ゼータ関数と見る」］Kyushu Journal of Mathematics **74** (2020) 441-449

にある．したがって，

$$f(1)=f(-1)=0 \Leftrightarrow \Gamma_{\mathbb{R}(f)}(s) \text{ は有理関数}$$

$$\Rightarrow S_{\mathbb{Z}(f)}(s) \text{ は有理関数}$$

がわかる．これによって，$\Gamma_{\mathbb{R}(f)}(s)$ や $S_{\mathbb{Z}(f)}(s)$ が有理関数となる f が無限個存在すること（したがって，ハッセゼータ関数のガンマ因子が有理関数となるものも無限個存在すること）がわかる（『リーマンの夢』参照）．

練習問題 2 (3) の要点は，上記の結果を含めると

$$S_{\mathbb{Z}(f)}(s) \text{ が有理関数} \Leftrightarrow f(1)=f(-1)=0$$

$$\Leftrightarrow \Gamma_{\mathbb{R}(f)}(s) \text{ が有理関数}$$

という精密化にある．

2.4　簡単なオイラー積原理

ここでは黒川による定理を解説しよう．

定理　$$f(x)=\sum_k a(k)x^k \in \mathbb{Z}[x, x^{-1}]-\{0\}$$

に対して，(1) (2) (3) (4) は同値である：

(1) $\zeta_{\mathbb{Z}(f)}(s)$ は関数等式をもつ．

(2) すべての素数 p に対して $\zeta_{\mathbb{F}_p(f)}(s)$ は関数等式をもつ．

(3) $\zeta_{\mathbb{F}_1(f)}(s)$ は関数等式をもつ．

(4) f は保型性をもつ．

このうち，(1) $\Leftrightarrow$ (2) は「オイラー積原理」と考えることができる．つまり，オイラー積

$$\zeta_{\mathbb{Z}(f)}(s)=\prod_{p:\text{素数}} \zeta_{\mathbb{F}_p(f)}(s)$$

において

$$\zeta_{\mathbb{Z}(f)}(s) \text{ の関数等式} \Leftrightarrow \zeta_{\mathbb{F}_p(f)}(s) \text{ の関数等式（}p\text{ は素数）}$$

が成立している．

関数等式や保型性を明確にするために，以下では次の形で証明しよう：

(1) $\hat{\zeta}_{\mathbb{Z}(f)}(s)=\zeta_{\mathbb{Z}(f)}(s)\Gamma_{\mathbb{R}(f)}(s)$

としたとき

$$\hat{\zeta}_{\mathbb{Z}(f)}(D(\infty)-s)=\hat{\zeta}_{\mathbb{Z}(f)}(s)A(\infty)B(\infty)^s$$

をみたす．ただし，

$$D(\infty)\in\mathbb{Z},\ A(\infty)\in\mathbb{R}-\{0\},\ B(\infty)>0.$$

(2) 各素数 p に対して

$$\zeta_{\mathbb{F}_p(f)}(D(p)-s)=\zeta_{\mathbb{F}_p(f)}(s)A(p)B(p)^s$$

をみたす．ただし，

$$D(p)\in\mathbb{Z},\ A(p)\in\mathbb{R}-\{0\},\ B(p)>0.$$

(3) $\zeta_{\mathbb{F}_1(f)}(D(1)-s)=\zeta_{\mathbb{F}_1(f)}(s)A(1)$

をみたす．ただし，$D(1)\in\mathbb{Z},\ A(1)\in\mathbb{R}-\{0\}$.

(4) $f(x^{-1})=x^{-D}f(x)$

をみたす．ただし，$D\in\mathbb{Z}$.

ここに注意しておくと，(1) (2) (3) で A 項や B 項があるのはレベル付などにも使えるようにするためである．(4) は $C=1$ の場合としてある（(1) (2) (3) が普通に見る形に対応）が，$C=-1$ の場合にしても全く同様（(1) (2) (3) で左辺を逆数にする）である．さらに，このように設定すると，(1) (2) (3) (4) が同値となること，および $D(\infty)=D+1$, $D(p)=D$, $D(1)=D$ となることもわかる．

(証明)

まず，(4) から見よう．前に示したように (今は $C=1$ としている)

(4) $\Leftrightarrow$ $a(D-k)=a(k)$　(すべての k)

がわかる．したがって，

(4) $\Rightarrow$ (1) (2) (3) は練習問題 1 の通り成立する．

次に，(3) $\Rightarrow$ (4) を示そう．$\zeta_{\mathbb{F}_1(f)}(s)$ の関数等式を

$$\zeta_{\mathbb{F}_1(f)}(D(1)-s)=\zeta_{\mathbb{F}_1(f)}(s)A(1)$$

とする．このとき

$$\begin{aligned}\zeta_{\mathbb{F}_1(f)}(D(1)-s)&=\prod_k \zeta_{\mathbb{F}_1}(D(1)-s-k)^{a(k)}\\&=\prod_k \zeta_{\mathbb{F}_1}(-(s-(D(1)-k)))^{a(k)}\\&=\prod_k \{-\zeta_{\mathbb{F}_1}(s-(D(1)-k))\}^{a(k)}\\&=(-1)^{f(1)}\prod_k \zeta_{\mathbb{F}_1}(s-(D(1)-k))^{a(k)}\\&=(-1)^{f(1)}\prod_k \zeta_{\mathbb{F}_1}(s-k)^{a(D(1)-k)}\end{aligned}$$

となり，関数等式

$$\begin{aligned}\zeta_{\mathbb{F}_1(f)}(D(1)-s)&=A(1)\zeta_{\mathbb{F}_1(f)}(s)\\&=A(1)\prod_k \zeta_{\mathbb{F}_1}(s-k)^{a(k)}\end{aligned}$$

と比較して，等式

$$\prod_k \zeta_{\mathbb{F}_1}(s-k)^{a(D(1)-k)-a(k)}=A(1)(-1)^{f(1)}$$

を得る．ここで，第 1 章・練習問題 1 の手法を使う．いま，

$$a(D(1)-k)-a(k)\neq 0$$

となる k が存在したとして，そうなる k の最大のもの K をとる．すると等式

$$\zeta_{\mathbb{F}_1}(s-K)^{a(D(1)-K)-a(K)}$$
$$=A(1)(-1)^{f(1)}\prod_{k<K}\zeta_{\mathbb{F}_1}(s-k)^{a(k)-a(D(1)-k)}$$

が成立する．ここで，$s=K$ における値を見ると，

$$左辺=\begin{cases}\infty \cdots\cdots & a(D(1)-K)>a(k)\\ 0 \cdots\cdots & a(D(1)-K)<a(K)\end{cases}$$

であり右辺は 0 でない有限値となり，矛盾．よって，$a(D(1)-k)=a(k)$ が成立する．したがって

$$f(x^{-1})=x^{-D(1)}f(x)$$

となる．一方，

$$f(x^{-1})=x^{-D}f(x)$$

とすれば $D(1)=D$ がわかる．したがって, (3) ⇔ (4) を得る．

全く同様にして (2) ⇔ (4) と (1) ⇔ (4) もわかる．念のため，計算を書いておこう．

$$(2) \Leftrightarrow (4)\ :\ \zeta_{\mathbb{F}_{p}(f)}(s)=\prod_{k}\zeta_{\mathbb{F}_p}(s-k)^{a(k)}$$

の関数等式を

$$\zeta_{\mathbb{F}_{p}(f)}(D(p)-s)=\zeta_{\mathbb{F}_{p}(f)}(s)A(p)B(p)^{s}$$

とする．一方

$$\begin{aligned}\zeta_{\mathbb{F}_{p}(f)}(D(p)-s)&=\prod_{k}\zeta_{\mathbb{F}_p}((D(p)-s)-k)^{a(k)}\\
&=\prod_{k}\zeta_{\mathbb{F}_p}(-(s-(D(p)-k)))^{a(k)}\\
&=\prod_{k}\{(-p^{-(s-(D(p)-k))})\zeta_{\mathbb{F}_p}(s-(D(p)-k))\}^{a(k)}\\
&=(-1)^{f(1)}p^{-f(1)s}p^{D(p)f(1)-f'(1)}\prod_{k}\zeta_{\mathbb{F}_p}(s-(D(p)-k))^{a(k)}\\
&=(-1)^{f(1)}p^{-f(1)s}p^{D(p)f(1)-f'(1)}\prod_{k}\zeta_{\mathbb{F}_p}(s-k)^{a(D(p)-k)}\\
&=A_1(p)B_1(p)^{s}\prod_{k}\zeta_{\mathbb{F}_p}(s-k)^{a(D(p)-k)}\end{aligned}$$

となる．ただし，

$$A_1(p)=(-1)^{f(1)}p^{D(p)f(1)-f'(1)},$$
$$B_1(p)=p^{-f(1)}$$

である．したがって，等式

$$\prod_k \zeta_{\mathbb{F}_p}(s-k)^{a(k)}\cdot A(p)B(p)^s$$
$$=\prod_k \zeta_{\mathbb{F}_p}(s-k)^{a(D(p)-k)}\cdot A_1(p)B_1(p)^s$$

が成立する．よって

$$\prod_k \zeta_{\mathbb{F}_p}(s-k)^{a(D(p)-k)-a(k)}=A_2(p)B_2(p)^s$$

となる．ここで，

$$A_2(p)=A(p)A_1(p)^{-1},\ B_2(p)=B(p)B_1(p)^{-1}$$

である．いま，$a(D(p)-k)-a(k)\neq 0$ となる k が存在したとして，そうなる k の最大のものを K とする．そのとき

$$\zeta_{\mathbb{F}_p}(s-K)^{a(D(p)-K)-a(K)}=A_2(p)B_2(p)^s\prod_{k<K}\zeta_{\mathbb{F}_p}(s-k)^{a(k)-a(D(p)-k)}$$

が成立する．この両辺を $s=K$ において見ると

$$\text{左辺}=\begin{cases}\infty & \cdots\cdots\ a(D(p)-K)>a(K)\\ 0 & \cdots\cdots\ a(D(p)-K)<a(K)\end{cases}$$

であるが，右辺は 0 でない有限値となり，矛盾する．したがって，

$$a(D(p)-k)=a(k)\ (\text{すべての } k)$$

となる．よって，

$$f(x^{-1})=x^{-D(p)}f(x)$$

が成立し，$D(p)=D$ となる．

(1) ⇔ (4)：

$$\begin{aligned}\hat{\zeta}_{\mathbb{Z}(f)}(s) &= \prod_k \hat{\zeta}_{\mathbb{Z}}(s-k)^{a(k)} \\ &= \prod_k \{\zeta_{\mathbb{Z}}(s-k)\Gamma_{\mathbb{R}}(s-k)\}^{a(k)} \\ &= \zeta_{\mathbb{Z}(f)}(s)\Gamma_{\mathbb{R}(f)}(s)\end{aligned}$$

の関数等式を

$$\hat{\zeta}_{\mathbb{Z}(f)}(D(\infty)-s) = \hat{\zeta}_{\mathbb{Z}(f)}(s)A(\infty)B(\infty)^s$$

とする．ここで，

$$\hat{\zeta}_{\mathbb{Z}(f)}(D(\infty)-s) = \prod_k \hat{\zeta}_{\mathbb{Z}}(D(\infty)-s-k)^{a(k)}$$

において関数等式

$$\hat{\zeta}_{\mathbb{Z}}(s) = \hat{\zeta}_{\mathbb{Z}}(1-s)$$

を用いて

$$\begin{aligned}\hat{\zeta}_{\mathbb{Z}(f)}(D(\infty)-s) &= \prod_k \hat{\zeta}_{\mathbb{Z}}(1-(D(\infty)-s-k))^{a(k)} \\ &= \prod_k \hat{\zeta}_{\mathbb{Z}}(s-(D(\infty)-1-k))^{a(k)} \\ &= \prod_k \hat{\zeta}_{\mathbb{Z}}(s-k)^{a(D(\infty)-1-k)}\end{aligned}$$

となるので，等式

$$\prod_k \hat{\zeta}_{\mathbb{Z}}(s-k)^{a(D(\infty)-1-k)} = \prod_k \hat{\zeta}_{\mathbb{Z}}(s-k)^{a(k)} \cdot A(\infty)B(\infty)^s$$

を得る．したがって

$$\prod_k \hat{\zeta}_{\mathbb{Z}}(s-k)^{a(D(\infty)-1-k)-a(k)} = A(\infty)B(\infty)^s$$

が成立する．

いま，$a(D(\infty)-1-k)-a(k) \neq 0$ となる k が存在したとして，そうなる k の最大のものを K とすると，等式

$$\hat{\zeta}_{\mathbb{Z}}(s-K)^{a(D(\infty)-1-K)-a(K)} = A(\infty)B(\infty)^s \prod_{k<K} \hat{\zeta}_{\mathbb{Z}}(s-k)^{a(k)-a(D(\infty)-1-k)}$$

を得る．この両辺を $s=K+1$ で見ると

$$\text{左辺} = \begin{cases} \infty \cdots\cdots a(D(\infty)-1-K) > a(K) \\ 0 \cdots\cdots a(D(\infty)-1-K) < a(K) \end{cases}$$

であるが，右辺は0でない有限値となり，矛盾する．よって，

$$a(D(\infty)-1-k) = a(k) \text{（すべての } k\text{）}$$

が成立し

$$f(x^{-1}) = x^{-(D(\infty)-1)} f(x)$$

となる．よって，$D(\infty)-1=D$ である．　**（証明終）**

ゼータ関数論やオイラー積論の醍醐味は詳細な計算にあり，これ以上の楽しみはない．

第3章

オイラー積いろいろ

オイラー積が発見されたきっかけは，自然数全体上の和（ディリクレ級数）を素数全体上の積に分解することであった．ここでは，その周辺からオイラー積を振り返っておこう．すると自然に解決すべき問題も明らかとなってくるし，「オイラー積原理」のありがたさもわかる．

問題は手近なところに限りなく存在しているのである．

3.1 自然数から素数へ

自然数上の関数

$$a:\{1,2,3,\cdots\}\longrightarrow\mathbb{C}$$

つまり数列 $a(n)$ $(n=1,2,3,\cdots)$ に対して，ゼータ関数

$$Z(s,a)=\sum_{n=1}^{\infty}a(n)n^{-s}$$

が考えられる．これは，オイラーを開祖とするゼータ関数の研究を発展させた

オイラー	→	ディリクレ	→	リーマン
(1707-1783)		(1805-1859)		(1826-1866)

の系列に入るディリクレを記念して「ディリクレ級数」と呼ばれている．

$Z(s,a)$ がオイラー積（素数 p にわたる積）

$$Z(s,a)=\prod_p Z_p(s,a),$$
$$Z_p(s,a)=\sum_{k=0}^{\infty} a(p^k)p^{-ks}$$

を持つのは $a(n)$ が乗法的なとき——つまり，m と n が互いに素（共通素因子なし）なら $a(mn)=a(m)a(n)$ をみたすとき；ここでは，断らない限り，さらに $a(1)=1$ とする——とわかる．実際，乗法的とは，相異なる素数 $p_1,\cdots,p_r$ と $k_1,\cdots,k_r\geqq 1$ に対して

$$a(p_1^{k_1}\cdots p_r^{k_r})=a(p_1^{k_1})\cdots a(p_r^{k_r})$$

が成立することと同値であり，そのことは

$$\begin{aligned}\prod_p Z_p(s,a)&=\prod_p\left(\sum_{k=0}^{\infty}a(p^k)p^{-ks}\right)\\&=\cdots+a(p_1^{k_1})\cdots a(p_r^{k_r})(p_1^{k_1}\cdots p_r^{k_r})^{-s}+\cdots\\&=\sum_{n=1}^{\infty}a(n)n^{-s}\\&=Z(s,a)\end{aligned}$$

が成立することと同値である（収束性は適宜，考えてほしい）．

乗法的関数の最も簡単な場合は $a(n)=1$ という定数関数であり，そのときのオイラー積が

$$\zeta_{\mathbb{Z}}(s)=\prod_p \zeta_{\mathbb{F}_p}(s)$$

である．ただし，$\zeta_{\mathbb{Z}}(s)$ が最も簡単なゼータ関数であるなどということは全くない．たとえば，

$$a(n)=\begin{cases}1\cdots n=2^k\ (k\geqq 0)\\0\cdots\text{その他}\end{cases}$$

という乗法的関数ならば $a(n)$ の定義は少し複雑そうに見えるが

$$Z(s,a)=Z_2(s,a)=\frac{1}{1-2^{-s}}$$

となり，簡単なゼータ関数となる．ちなみに，この場合は

$$Z_p(s,a)=\begin{cases}(1-2^{-s})^{-1} & \cdots\ p=2,\\ 1 & \cdots\ p\neq 2\end{cases}$$

となっている．

一般の $Z(s,a)$ の $s\in\mathbb{C}$ 全体への解析接続や関数等式は難問である．それは，$s\in\mathbb{C}$ 全体への解析接続自体が不可能な場合も存在することからもわかる．ここで「不可能」とは「能力がないので不可能」という意味ではなく，「不可能なことが証明できる」という意味である．

一例を挙げると，

$$Z(s,a)=\prod_{p\equiv 1 \bmod 4}(1-p^{-s})^{-1}$$

は $\mathrm{Re}(s)>0$ には解析接続可能であるが，$\mathrm{Re}(s)\leqq 0$ には解析接続不可能であり，$\mathrm{Re}(s)=0$ は自然境界になる（黒川）．なお，このときの乗法的関数 $a(n)$ は $k\geqq 1$ に対して

$$a(p^k)=\begin{cases}1 & \cdots\ p\equiv 1 \bmod 4\\ 0 & \cdots\ p\not\equiv 1 \bmod 4\end{cases}$$

によって定まっていて，

$$Z_p(s,a)=\begin{cases}(1-p^{-s})^{-1} & \cdots\ p\equiv 1 \bmod 4\\ 1 & \cdots\ p\not\equiv 1 \bmod 4\end{cases}$$

となっている．

3.2　1次のオイラー積

1次のオイラー積は乗法的関数 $a(n)$ によって

$$Z(s,a)=\prod_{p}(1-a(p)p^{-s})^{-1}$$

の形になるオイラー積である．

練習問題1　関数 $a(n)$ $(n=1,2,3,\cdots)$ が完全乗法的とは $a(mn)=a(m)a(n)$ がすべての m,n に対して成立することを言う．$Z(s,a)=\sum_{n=1}^{\infty}a(n)n^{-s}$ に対して，次は同値であることを示せ．

(1)　$a(n)$ は完全乗法的である．

(2)　$Z(s,a)$ は1次のオイラー積をもつ．

解答

(1) ⇒ (2)：$a(n)$ は乗法的であるから

$$Z(s,a)=\prod_{p}Z_p(s,a)$$

となる．ここで，

$$Z_p(s,a)=\sum_{k=0}^{\infty}a(p^k)p^{-ks}$$

である．さらに，$a(n)$ が完全乗法的ならば $a(p^k)=a(p)^k$ であるので

$$Z_p(s,a)=\sum_{k=0}^{\infty}a(p)^k p^{-ks}=\frac{1}{1-a(p)p^{-s}}$$

となる．つまり

$$Z(s,a)=\prod_{p}(1-a(p)p^{-s})^{-1}$$

である．

(2) ⇒ (1)：$\prod_{p}(1-a(p)p^{-s})^{-1}=\sum_{n=1}^{\infty}a(n)n^{-s}$

より

$$\prod_{p}\left(\sum_{k=0}^{\infty}a(p)^k p^{-ks}\right)=\sum_{n=1}^{\infty}a(n)n^{-s}.$$

したがって，p べき部分を見て，$a(p)^k=a(p^k)$．さらに，$n=p_1^{k_1}\cdots p_r^{k_r}$ （$p_1,\cdots,p_r$ は相異なる素数；$k_1,\cdots,k_r\geqq 1$）のとき

$$a(p_1)^{k_1}\cdots a(p_r)^{k_r}=a(n)$$

となることより完全乗法的となる.　　　　　　　　　　**(解答終)**

1次のオイラー積で有名なものは，表現

$$\chi:(\mathbb{Z}/N\mathbb{Z})^\times \longrightarrow \mathbb{C}^\times$$

から作られるオイラー積

$$L(s,\chi)=\prod_p L_p(s,\chi),$$

$$L_p(s,\chi)=\begin{cases}(1-\chi(p)p^{-s})^{-1} & \cdots\ p\nmid N\ \text{（良）}\\ 1 & \cdots\ p\mid N\ \text{（悪）}\end{cases}$$

であり，$s\in\mathbb{C}$ 全体に有理型関数として解析接続され，$s\leftrightarrow 1-s$ という関数等式をみたすことが知られていて，リーマン予想も期待される．このような χ を $\mathrm{mod}\,N$ のディリクレ指標と呼ぶ．ここで，$N=1$, $\chi=\mathbb{1}$（自明表現）のときのオイラー積は $\zeta_{\mathbb{Z}}(s)$ になっている．

3.3　2次のオイラー積

2次のオイラー積の基本的な形は

$$Z(s,a)=\prod_p Z_p(s,a),$$

$$Z_p(s,a)=(1-a(p)p^{-s}+\varepsilon(p)p^{-2s})^{-1}$$

であり，ここでは $\varepsilon(p)$ はディリクレ指標と思っておこう．この場合には，解析接続や $s\leftrightarrow 1-s$ という関数等式やリーマン予想がすべて問題となる．

このときの $a(n)$ の条件は

$$\begin{cases}\cdot\ a(n)\text{は乗法的}\\ \cdot\ a(p^{k+2})=a(p)a(p^{k+1})-\varepsilon(p)a(p^k)\cdots\cdots\ p\text{は素数},\ k\geqq 0\end{cases}$$

である.

練習問題2　この漸化式を示せ．

解答

$$1-a(p)u+\varepsilon(p)u^2=(1-\alpha(p)u)(1-\beta(p)u)$$

とすると

$$\begin{cases}\alpha(p)+\beta(p)=a(p),\\ \alpha(p)\beta(p)=\varepsilon(p)\end{cases}$$

となる．さらに，

$$\begin{aligned}\sum_{k=0}^{\infty}a(p^k)u^k&=\frac{1}{(1-\alpha(p)u)(1-\beta(p)u)}\\&=(1+\alpha(p)u+\alpha(p)^2u^2+\cdots)(1+\beta(p)u+\beta(p)^2u^2+\cdots)\\&=1+(\alpha(p)+\beta(p))u+(\alpha(p)^2+\alpha(p)\beta(p)+\beta(p)^2)u^2+\cdots\end{aligned}$$

より

$$\begin{aligned}a(p^k)&=\alpha(p)^k+\alpha(p)^{k-1}\beta(p)+\cdots+\alpha(p)\beta(p)^{k-1}+\beta(p)^k\\&=\frac{\alpha(p)^{k+1}-\beta(p)^{k+1}}{\alpha(p)-\beta(p)}\end{aligned}$$

となる．ただし，$\alpha(p)=\beta(p)$ のときには

$$a(p^k)=(k+1)\alpha(p)^k$$

と解釈する．

したがって，

$$a(p^{k+2})=\frac{\alpha(p)^{k+3}-\beta(p)^{k+3}}{\alpha(p)-\beta(p)},$$

$$a(p^{k+1})=\frac{\alpha(p)^{k+2}-\beta(p)^{k+2}}{\alpha(p)-\beta(p)}$$

において等式

$$\begin{aligned}\alpha(p)^{k+3}-\beta(p)^{k+3}&=(\alpha(p)+\beta(p))(\alpha(p)^{k+2}-\beta(p)^{k+2})\\&\quad-\alpha(p)\beta(p)(\alpha(p)^{k+1}-\beta(p)^{k+1})\\&=a(p)(\alpha(p)^{k+2}-\beta(p)^{k+2})-\varepsilon(p)(\alpha(p)^{k+1}-\beta(p)^{k+1})\end{aligned}$$

を用いると

$$a(p^{k+2})=a(p)a(p^{k+1})-\varepsilon(p)a(p^k)$$

という漸化式を得る．　**（解答終）**

書きやすい例を 2 つあげておこう．

(1)　χ_1, χ_2 をディリクレ指標としたときの

$$\begin{aligned} Z(s,a) &= L(s,\chi_1)L(s,\chi_2) \\ &= \sum_{n=1}^{\infty} a(n;\chi_1,\chi_2)n^{-s}. \end{aligned}$$

ここで，

$$a(n;\chi_1,\chi_2) = \sum_{n_1 n_2 = n} \chi_1(n_1)\chi_2(n_2)$$

であり，素数 p に対して

$$\begin{cases} a(p) = a(p;\chi_1,\chi_2) = \chi_1(p) + \chi_2(p), \\ \varepsilon(p) = \chi_1(p)\chi_2(p) \end{cases}$$

をみたす．

(2)　$a(n) = n^{-\frac{11}{2}}\tau(n)$

としたときの

$$\begin{aligned} Z(s,a) &= \sum_{n=1}^{\infty} a(n)n^{-s} \\ &= \sum_{n=1}^{\infty} \tau(n)n^{-(s+\frac{11}{2})} \\ &= \prod_{p} (1-\tau(p)p^{-(s+\frac{11}{2})} + p^{-2s})^{-1}. \end{aligned}$$

ただし，$\tau(n)$ は 1916 年にラマヌジャンが研究を発表した関数――ラマヌジャンのタウ関数――であり，展開

$$\begin{aligned} \Delta(z) &= e^{2\pi i z}\prod_{n=1}^{\infty}(1-e^{2\pi i n z})^{24} \\ &= \sum_{n=1}^{\infty} \tau(n)e^{2\pi i n z} \quad (\mathrm{Im}(z) > 0) \end{aligned}$$

によって定義される．ラマヌジャンは

ラマヌジャン予想

$$|\tau(p)| \leqq 2p^{\frac{11}{2}} \quad (p\text{ は素数})$$

を提出したが，グロタンディーク（1928－2014）の研究を経て，1974 年出版の論文にてドリーニュが解決した．

練習問題3　2次のオイラー積

$$Z(s,a)=\sum_{n=1}^{\infty}a(n)n^{-s}$$
$$=\prod_{p}(1-a(p)p^{-s}+p^{-2s})^{-1}$$
$$=\prod_{p}[(1-\alpha(p)p^{-s})(1-\beta(p)p^{-s})]^{-1}$$

を考える．$m=1,2,3,\cdots$ に対して

$$Z(s,\mathrm{Sym}^m,a)=\prod_{p}[(1-\alpha(p)^m p^{-s})(1-\alpha(p)^{m-1}\beta(p)p^{-s})\cdots$$
$$\cdots(1-\beta(p)^m p^{-s})]^{-1}$$

とおく．たとえば，

$$Z(s,\mathrm{Sym}^1,a)=Z(s,a)$$

であり，

$$Z(s,\mathrm{Sym}^0,a)=\zeta_{\mathbb{Z}}(s)$$

である．次を示せ．

(1)
$$\sum_{n=1}^{\infty}a(n^2)n^{-s}=\prod_{p}\frac{1-p^{-2s}}{(1-\alpha(p)^2p^{-3})(1-p^{-s})(1-\beta(p)^2p^{-s})}$$
$$=\prod_{p}\frac{1-p^{-2s}}{1-a(p^2)p^{-s}+a(p^2)p^{-2s}-p^{-3s}}$$
$$=\frac{Z(s,\mathrm{Sym}^2,a)}{\zeta_{\mathbb{Z}}(2s)}.$$

(2)
$$\sum_{n=1}^{\infty}a(n)^2n^{-s}=\prod_{p}\frac{1-p^{-2s}}{(1-\alpha(p)^2p^{-s})(1-p^{-s})^2(1-\beta(p)^2p^{-s})}$$
$$=\frac{Z(s,\mathrm{Sym}^2,a)\zeta_{\mathbb{Z}}(s)}{\zeta_{\mathbb{Z}}(2s)}.$$

(3)
$$\sum_{n=1}^{\infty}a(n^3)n^{-s}=\prod_{p}\frac{1+a(p)p^{-s}}{(1-\alpha(p)^3p^{-s})(1-\beta(p)^3p^{-s})}$$
$$=\frac{Z(s,\mathrm{Sym}^3,a)}{Z(s,a)}\prod_{p}(1+a(p)p^{-s}).$$

解答

(1) $$\sum_{k=0}^{\infty} a(p^{2k})u^k = \frac{1-u^2}{(1-\alpha(p)^2 u)(1-u)(1-\beta(p)^2 u)}$$

を示せばよい．実際，この等式で $u=p^{-s}$ とおいて

$$\sum_{n=1}^{\infty} a(n^2)n^{-s} = \prod_p \left(\sum_{k=1}^{\infty} a(p^{2k})p^{-ks}\right)$$

に用いると

$$\begin{aligned}\sum_{n=1}^{\infty} a(n^2)n^{-s} &= \prod_p \frac{1-p^{-2s}}{(1-\alpha(p)^2 p^{-s})(1-p^{-s})(1-\beta(p)^2 p^{-s})}\\ &= \frac{Z(s, \mathrm{Sym}^2, a)}{\zeta_{\mathbb{Z}}(2s)}\end{aligned}$$

となる．

さて，最初の等式は表示

$$a(p^{2k}) = \frac{\alpha(p)^{2k+1}-\beta(p)^{2k+1}}{\alpha(p)-\beta(p)}$$

を使うと

$$\begin{aligned}\sum_{k=0}^{\infty} a(p^{2k})u^k &= \frac{1}{\alpha(p)-\beta(p)}\left\{\sum_{k=0}^{\infty}\alpha(p)^{2k+1}u^k - \sum_{k=0}^{\infty}\beta(p)^{2k+1}u^k\right\}\\ &= \frac{1}{\alpha(p)-\beta(p)}\left\{\frac{\alpha(p)}{1-\alpha(p)^2 u} - \frac{\beta(p)}{1-\beta(p)^2 u}\right\}\\ &= \frac{1+u}{(1-\alpha(p)^2 u)(1-\beta(p)^2 u)}\\ &= \frac{1-u^2}{(1-\alpha(p)^2 u)(1-u)(1-\beta(p)^2 u)}\end{aligned}$$

となり成立する．

(2) $$\sum_{k=0}^{\infty} a(p^k)^2 u^k = \frac{1-u^2}{(1-\alpha(p)^2 u)(1-u)^2(1-\beta(p)^2 u)}$$

を示せばよい．(1) の証明と同様に，

$$\sum_{k=0}^{\infty} a(p^k)^2 u^k = \sum_{k=0}^{\infty}\left(\frac{\alpha(p)^{k+1}-\beta(p)^{k+1}}{\alpha(p)-\beta(p)}\right)^2 u^k$$

$$=\frac{1}{(\alpha(p)-\beta(p))^2}\left\{\sum_{k=0}^{\infty}\alpha(p)^{2k+2}u^k+\sum_{k=0}^{\infty}\beta(p)^{2k+2}u^k-2\sum_{k=0}^{\infty}u^k\right\}$$
$$=\frac{1}{(\alpha(p)-\beta(p))^2}\left\{\frac{\alpha(p)^2}{1-\alpha(p)^2u}+\frac{\beta(p)^2}{1-\beta(p)^2u}-\frac{2}{1-u}\right\}$$
$$=\frac{1+u}{(1-\alpha(p)^2u)(1-u)(1-\beta(p)^2u)}$$
$$=\frac{1-u^2}{(1-\alpha(p)^2u)(1-u)^2(1-\beta(p)^2u)}$$

となり成立する．

(3) $$\sum_{k=0}^{\infty}a(p^{3k})u^k=\frac{1+a(p)u}{(1-\alpha(p)^3u)(1-\beta(p)^3u)}$$
$$=\frac{(1-\alpha(p)u)(1-\beta(p)u)(1+a(p)u)}{(1-\alpha(p)^3u)(1-\alpha(p)u)(1-\beta(p)u)(1-\beta(p)^3u)}$$

を示せばよい．計算は同様であり，

$$a(p^{3k})=\frac{\alpha(p)^{3k+1}-\beta(p)^{3k+1}}{\alpha(p)-\beta(p)}$$

より

$$\sum_{k=0}^{\infty}a(p^{3k})u^k=\frac{1}{\alpha(p)-\beta(p)}\left\{\sum_{k=0}^{\infty}\alpha(p)^{3k+1}u^k-\sum_{k=0}^{\infty}\beta(p)^{3k+1}u^k\right\}$$
$$=\frac{1}{\alpha(p)-\beta(p)}\left\{\frac{\alpha(p)}{1-\alpha(p)^3u}-\frac{\beta(p)}{1-\beta(p)^3u}\right\}$$
$$=\frac{1+(\alpha(p)+\beta(p))u}{(1-\alpha(p)^3u)(1-\beta(p)^3u)}$$
$$=\frac{1+a(p)u}{(1-\alpha(p)^3u)(1-\beta(p)^3u)}$$

となり成立する．　　　　**（解答終）**

例　$a(n)=\tau(n)n^{-\frac{11}{2}}$ のときを考える．

このとき

$$\begin{cases}\displaystyle\sum_{n=1}^{\infty}a(n)n^{-s} & \text{(1929年，ウィルトン)},\\ \displaystyle\sum_{n=1}^{\infty}a(n^2)n^{-s} & \text{(1974年，志村五郎)},\\ \displaystyle\sum_{n=1}^{\infty}a(n)^2n^{-s} & \text{(1939年，ランキン；1940年，セルバーグ)}\end{cases}$$

はそれぞれ $s\in\mathbb{C}$ 全体へ有理型関数として解析接続することが可能なことが知られている（志村の目的は正則性を証明することにあった）.

一方，$m\geqq 3$ のとき

$$\sum_{n=1}^{\infty} a(n^m)n^{-s} \quad と \quad \sum_{n=1}^{\infty} a(n)^m n^{-s}$$

は $\mathrm{Re}(s)>0$ において有理型関数として解析接続可能であるが，$\mathrm{Re}(s)=0$ を自然境界に持つ（黒川）．したがって，$\mathrm{Re}(s)\leqq 0$ へは絶対に解析接続不可能である．その理由の一端は $\sum_{n=1}^{\infty} a(n^3)n^{-s}$ を計算した練習問題 3 (3) に見ることができる．

とくに，

$$\prod_p (1+a(p)p^{-s})=\prod_p (1+\tau(p)p^{-\frac{11}{2}-s})$$

が $\mathrm{Re}(s)>0$ では有理型関数として解析接続可能であるが，$\mathrm{Re}(s)=0$ を自然境界に持つというところが要点である．そこで，このようなオイラー積をどのように扱えばよいかを考えていこう．

3.4 r 次のオイラー積

一般の r 次のオイラー積も同様に考えることができる．ラングランズ予想（1970 年にラングランズが提出）によれば「r 次の良いオイラー積（解析接続と関数等式をもつ）は $\mathrm{GL}(r)$ の保型表現のゼータ関数となっている」はずである．$r=1$ なら $L(s,\chi)$，$r=2$ なら

$$\begin{aligned} L(s,\Delta) &= \sum_{n=1}^{\infty} \tau(n)n^{-s} \\ &= \prod_p (1-\tau(p)p^{-s}+p^{11-2s})^{-1} \end{aligned}$$

が代表的なものである．ディリクレ指標 $\chi_1,\cdots,\chi_r$ から作った

$$L(s,\chi_1)\cdots L(s,\chi_r)=\prod_p[(1-\chi_1(p)p^{-s})\cdots(1-\chi_r(p)p^{-s})]^{-1}$$
$$=\sum_{n=1}^{\infty}a(n;\chi_1,\cdots,\chi_r)n^{-s},$$
$$a(n;\chi_1,\cdots,\chi_r)=\sum_{n_1\cdots n_r=n}\chi_1(n_1)\cdots\chi_r(n_r)$$

も簡単な構成ではあるが r 次のオイラー積であり，対応する保型表現は $\chi_1\oplus\cdots\oplus\chi_r$ である． $\chi_1=\cdots=\chi_r=\mathbb{1}$ の場合には

$$\zeta_{\mathbb{Z}}(s)^r=\prod_p[(1-p^{-s})^r]^{-1}$$
$$=\sum_{n=1}^{\infty}d_r(n)n^{-s}$$

となる．ただし，

$$d_r(n)=|\{(n_1,\cdots,n_r)\,|\,n_1\cdots n_r=n\}|$$
$$=a\,(n;\ \mathbb{1},\ \cdots,\ \mathbb{1})$$

であり，たとえば， $d_1(n)=1$, $d_2(n)=d(n)=$ ［n の約数の個数］となっている．

3.5　オイラー積原理の例

ディリクレ指標 $\chi_1,\cdots,\chi_r$ に対して

$$\mathbb{Z}[\chi_1,\cdots,\chi_r]=\left\{\sum_{j_1,\cdots,j_r\geqq 0}c(j_1,\cdots,j_r)\chi_1^{j_1}\cdots\chi_r^{j_r}\ \middle|\ \begin{array}{c}c(j_1,\cdots,j_r)\in\mathbb{Z}\\ \text{有限和}\end{array}\right\}$$

は可換環となる．次の定理は，より一般の場合を扱えるのであるが，記述が簡単な場合を書いておこう．

定理（黒川）

$\chi_1, \cdots, \chi_r$ をディリクレ指標とする．多項式

$$H(T) \in 1 + T(\mathbb{Z}[\chi_1, \cdots, \chi_r])[T]$$

に対して，オイラー積

$$Z(s, H) = \prod_{p: \text{素数}} Z_p(s, H),$$

$$Z_p(s, H) = H_p(p^{-s})^{-1}$$

を考える．ただし，p は良いものとし

$$H_p(T) \in 1 + T\mathbb{C}[T]$$

は H の係数に p を代入したものである．

このとき，次は同値である．

(1)　$Z(s, H)$ は $s \in \mathbb{C}$ 全体へ有理型関数として解析接続可能である．

(2)　すべての p に対して $Z_p(s, H)$ はリーマン予想をみたす．つまり，$Z_p(s, H) = \infty$ なら $\mathrm{Re}(s) = 0$ が成立する．

これは，オイラー積

$$Z(s) = \prod_p Z_p(s)$$

において

『$Z(s)$ が性質（A）をもつ $\Longleftrightarrow$ すべての p に対して
$Z_p(s)$ が性質（B）をもつ』

というオイラー積原理の例であり，

$$\begin{cases} \text{(A) 有理型性} \\ \text{(B) リーマン予想の対応物} \end{cases}$$

の場合である．

証明は，より一般にした後で解説する．ここで $\mathbb{Z}[\chi_1, \cdots, \chi_r]$ 係数の多項式を扱っているところは，より一般の仮想表現環係数の多項式にした方が見通しが良くなる．しかも，$Z(s, H)$ が

$s \in \mathbb{C}$ 全体に解析接続不可能なときは，$Z(s, H)$ は $\mathrm{Re}(s)>0$ において有理型であって，$\mathrm{Re}(s)=0$ を自然境界にもつことが判明する．このことまで含めた精密版を証明することになる．

3.6　オイラー積原理の応用例

ここでは前節の定理（精密版）を用いる．

練習問題 4　ディリクレ指標 χ_1, χ_2 に対して

$$L(s, \chi_1)L(s, \chi_2) = \sum_{n=1}^{\infty} a(n) n^{-s}$$

とする：

$$a(n) = a(n; \chi_1, \chi_2) = \sum_{n_1 n_2 = n} \chi_1(n_1)\chi_2(n_2).$$

次を示せ．

(1) $\displaystyle\sum_{n=1}^{\infty} a(n^2) n^{-s}$ は $s \in \mathbb{C}$ 全体で有理型．

(2) $\displaystyle\sum_{n=1}^{\infty} a(n)^2 n^{-s}$ は $s \in \mathbb{C}$ 全体で有理型．

(3) $\displaystyle\sum_{n=1}^{\infty} a(n^3) n^{-s}$ は $\mathrm{Re}(s)>0$ のみで有理型であり，$\mathrm{Re}(s)=0$ は自然境界である．

解答　練習問題3の方法を使う（練習問題2も参照）．以下 p は良いものとする．

$$\begin{aligned} L(s, \chi_1)L(s, \chi_2) &= \prod_p [(1-\chi_1(p)p^{-s})(1-\chi_2(p)p^{-s})]^{-1} \\ &= \prod_p \left(\sum_{k=0}^{\infty} a(p^k) p^{-ks} \right) \end{aligned}$$

より

$$\sum_{k=0}^{\infty} a(p^k)u^k = \frac{1}{(1-\chi_1(p)u)(1-\chi_2(p)u)}$$

なので

$$a(p^k) = \frac{\chi_1(p)^{k+1} - \chi_2(p)^{k+1}}{\chi_1(p) - \chi_2(p)}$$

に注意する.

(1) $$\sum_{k=0}^{\infty} a(p^{2k})u^k = \sum_{k=0}^{\infty} \frac{\chi_1(p)^{2k+1} - \chi_2(p)^{2k+1}}{\chi_1(p) - \chi_2(p)} u^k$$
$$= \frac{1-\chi_1(p)^2\chi_2(p)^2u^2}{(1-\chi_1(p)^2u)(1-\chi_1(p)\chi_2(p)u)(1-\chi_2(p)^2u)}$$

より

$$\begin{aligned} Z(s) &= \sum_{n=1}^{\infty} a(n^2)n^{-s} \\ &= \frac{L(s,\chi_1^2)L(s,\chi_1\chi_2)L(s,\chi_2^2)}{L(2s,\chi_1^2\chi_2^2)} \\ &= \prod_p Z_p(s) \end{aligned}$$

にオイラー積原理を用いて, $s \in \mathbb{C}$ 全体で有理型とわかる.

(2) $$\sum_{k=0}^{\infty} a(p^k)^2 u^k$$

$$\begin{aligned} &= \sum_{k=0}^{\infty} \left(\frac{\chi_1(p)^{k+1} - \chi_2(p)^{k+1}}{\chi_1(p) - \chi_2(p)} \right)^2 u^k \\ &= \frac{1}{(\chi_1(p)-\chi_2(p))^2} \left\{ \frac{\chi_1(p)^2}{1-\chi_1(p)^2u} + \frac{\chi_2(p)^2}{1-\chi_2(p)^2u} - \frac{2\chi_1(p)\chi_2(p)}{1-\chi_1(p)\chi_2(p)u} \right\} \\ &= \frac{1+\chi_1(p)\chi_2(p)u}{(1-\chi_1(p)^2u)(1-\chi_1(p)\chi_2(p)u)(1-\chi_2(p)^2u)} \\ &= \frac{1-\chi_1(p)^2\chi_2(p)^2u^2}{(1-\chi_1(p)^2u)(1-\chi_1(p)\chi_2(p)u)^2(1-\chi_2(p)^2u)} \end{aligned}$$

より

$$\begin{aligned} Z(s) &= \sum_{n=1}^{\infty} a(n)^2 n^{-s} \\ &= \frac{L(s,\chi_1^2)L(s,\chi_1\chi_2)^2L(s,\chi_2^2)}{L(2s,\chi_1^2\chi_2^2)} \\ &= \prod_p Z_p(s) \end{aligned}$$

にオイラー積原理を用いて，$s\in\mathbb{C}$ 全体で有理型とわかる．

(3)
$$\sum_{k=0}^{\infty}a(p^{3k})u^k=\sum_{k=0}^{\infty}\frac{\chi_1(p)^{3k+1}-\chi_2(p)^{3k+1}}{\chi_1(p)-\chi_2(p)}u^k$$
$$=\frac{1}{\chi_1(p)-\chi_2(p)}\left\{\frac{\chi_1(p)}{1-\chi_1(p)^3u}-\frac{\chi_2(p)}{1-\chi_2(p)^3u}\right\}$$
$$=\frac{1+(\chi_1(p)+\chi_2(p))\chi_1(p)\chi_2(p)u}{(1-\chi_1(p)^3u)(1-\chi_2(p)^3u)}$$

より

$$\begin{aligned}Z(s)&=\sum_{n=1}^{\infty}a(n^3)n^{-s}\\&=L(s,\chi_1^3)L(s,\chi_2^3)\times\prod_p(1+(\chi_1(p)+\chi_2(p))\chi_1(p)\chi_2(p)p^{-s})\\&=\prod_p Z_p(s)\end{aligned}$$

にオイラー積原理を用いると $\mathrm{Re}(s)>0$ のみで有理型関数であり $\mathrm{Re}(s)=0$ が自然境界になることがわかる．　**（解答終）**

例　$\chi_1=\chi_2=\mathbb{1}$:

(1) $\displaystyle\sum_{n=1}^{\infty}d(n^2)n^{-s}=\frac{\zeta_{\mathbb{Z}}(s)^3}{\zeta_{\mathbb{Z}}(2s)}$ は $\mathbb{C}$ 全体で有理型．

(2) $\displaystyle\sum_{n=1}^{\infty}d(n)^2n^{-s}=\frac{\zeta_{\mathbb{Z}}(s)^4}{\zeta_{\mathbb{Z}}(2s)}$ は $\mathbb{C}$ 全体で有理型．

(3) $\displaystyle\sum_{n=1}^{\infty}d(n^3)n^{-s}=\zeta_{\mathbb{Z}}(s)^2\prod_p(1+2p^{-s})$ は $\mathrm{Re}(s)>0$ のみで有理型であり，$\mathrm{Re}(s)=0$を自然境界にもつ．

問題の解き方にも一言しておこう．この例の (3) のように $H_p(T)=1+2T$ なら，「すべての p に対して $H_p(p^{-s})=1+2p^{-s}$ の零点が $\mathrm{Re}(s)=0$ 上に乗っている」という“リーマン予想”が成立していないことは明白であろう ($\mathrm{Re}(s)=0$ なら $|p^{-s}|=1$ である)．練習問題4 (3) なら「すべての p に対して

$H_p(p^{-s})=1+(\chi_1(p)+\chi_2(p))\chi_1(p)\chi_2(p)p^{-s}$ の零点が $\mathrm{Re}(s)=0$ 上に乗っている」という“リーマン予想”が成立していないことは，たとえば χ_1 が $\bmod N_1$ の指標，χ_2 が $\bmod N_2$ の指標なら $p\equiv 1 \bmod N_1N_2$ となる素数 p をとれば（そのような p はディリクレの素数定理から無限個存在する）$\chi_1(p)=\chi_2(p)=1$ なので $H_p(p^{-s})=1+2p^{-s}$ の零点が $\mathrm{Re}(s)=0$ 上に乗ってはいないことからわかる（話を簡単にするには χ_1, χ_2 は $\bmod N$ の指標として $p\equiv 1 \bmod N$ となる素数 p をとればよい）．読者各自で適宜設定して解いてほしい．

もう一題やってみよう．

練習問題 5　次のオイラー積が $s\in\mathbb{C}$ 全体に解析接続可能かどうか調べよ．ただし，$m\in\mathbb{Z}$, χ はディリクレ指標とする．

(1) $\displaystyle\prod_p (1+m\chi(p)p^{-s})^{-1}$.

(2) $\displaystyle\prod_p (1+m\chi(p)p^{-s}+p^{-2s})^{-1}$.

解答

(1) すべての素数 p に対して

$$H_p(T)=1+m\chi(p)T$$

が“リーマン予想”$(H_p(p^{-s})=0\Rightarrow \mathrm{Re}(s)=0)$ をみたすかどうか調べればよい．大丈夫なのは

$$\begin{cases} m=0: & \text{このとき } H_p(T)=1, \\ m=1: & \text{このとき } H_p(T)=1+\chi(p)T, \\ m=-1: & \text{このとき } H_p(T)=1-\chi(p)T \end{cases}$$

であり，駄目なのは $|m|\geqq 2$ である．

(2) すべての素数 p に対して

$$H_p(T)=1+m\chi(p)T+T^2$$

が“リーマン予想”($H_p(p^{-s})=0 \Rightarrow \mathrm{Re}(s)=0$) をみたすかどうか調べればよい．大丈夫なのは

$$\begin{cases} m=0:\ \text{このとき}\ H_p(T)=1+T^2, \\ m=1:\ \text{このとき}\ H_p(T)=1+\chi(p)T+T^2, \\ m=-1:\text{このとき}\ H_p(T)=1-\chi(p)T+T^2, \\ m=2\ \text{で}\ \chi\ \text{が実指標}:\text{このとき}\ H_p(T)=1+2\chi(p)T+T^2, \\ m=-2\ \text{で}\ \chi\ \text{が実指標}:\text{このとき}\ H_p(T)=1-2\chi(p)T+T^2 \end{cases}$$

であり，その他のときは駄目である．つまり，

$$\begin{cases} m=2\quad \text{で}\ \chi\ \text{が虚指標}, \\ m=-2\ \text{で}\ \chi\ \text{が虚指標}, \\ |m|\geqq 3 \end{cases}$$

は駄目である．　**(解答終)**

宿題を一つ出しておこう．本書を読みながら解いてほしい (9.7節参照)．

> **宿題**　$m=2,3,4,\cdots$ に対して $\sum_{n=1}^{\infty}\varphi(n)^m n^{-s}$ は $\mathrm{Re}(s)>m-1$ において有理型関数として解析接続可能であるが，$\mathrm{Re}(s)=m-1$ を自然境界にもつことを証明せよ．ただし，$\varphi(n)$ はオイラー関数である．

なお，$\sum_{n=1}^{\infty}\varphi(n)n^{-s}=\frac{\zeta_{\mathbb{Z}}(s-1)}{\zeta_{\mathbb{Z}}(s)}$ が $SL(2,\mathbb{Z})$ のセルバーグゼータ関数の関数等式に必須となる「散乱行列式」であることについては

小山信也『セルバーグ・ゼータ関数』日本評論社，2018年

の最終章「モジュラー群」を見られたい．

第4章

オイラー基盤

オイラー積原理を定式化するに際して重要な事は枠組みを作ることである．それが「オイラー基盤」$E=(P,G,\alpha)$ である．P は素数の場合を拡張したものであり，G は位相群，α は P から G の共役類集合への写像である．通常のゼータ関数は G の有限次元表現 ρ に対して構成される $Z(s,E,\rho)$ となっている．それをさらに拡張することがオイラー積原理を記述するために必要であり，G の仮想表現環 $R(G)$ を係数とする多項式（定数項は 1）H に対してオイラー積 $Z(s,E,H)$ を構成する．とくに，H が ρ の固有多項式のときが $Z(s,E,\rho)$ になっている．このオイラー基盤の構築は一挙にしなければならないのであるが，出来上がってしまえば，あとはゆっくり進んで行くことができる（『三道』）．

ここでは，オイラー基盤 $E=(P,G,\alpha)$ が与えられたときの一般的な研究方針も述べる．道がわかっていると辿り着きやすくなるであろう．

4.1 オイラー基盤とは

オイラー基盤は $E=(P,G,\alpha)$ という三つ組である：

$$\begin{cases} \bullet\ P \text{ は可算無限集合でノルム } N: P \longrightarrow \mathbb{R}_{>1} \text{ を持つ,} \\ \bullet\ G \text{ は位相群,} \\ \bullet\ \alpha: P \longrightarrow \mathrm{Conj}(G)=\{G \text{ の共役類}\} \text{ は写像.} \end{cases}$$

まず，P は通常の“素数全体”にあたるものであり，たとえば

(1) $P=\{\text{素数}\}=\{(2),(3),(5),(7),(11),\cdots\}=\mathrm{Specm}(\mathbb{Z})$,

(2) $P=\mathrm{Specm}(\mathcal{O}_K)$ ： $\mathcal{O}_K$ は $\mathbb{Q}$ の有限次拡大体 K の整数環，

(3) $P=\mathrm{Specm}(A)$ ： A は $\mathbb{Z}$ 上有限生成の可換環，

(4) $P=|X|$ ： $\mathrm{Spec}(\mathbb{Z})$ 上有限型スキーム X の閉点全体，

(5) $P=\mathrm{Prim}(M)$ ： M はコンパクトリーマン面（種数 $\geqq 2$）

およびそれらの一般化などがある．ここで，可換環 A に対して $\mathrm{Specm}(A)$ は極大イデアル全体であり，リーマン多様体 M に対して $\mathrm{Prim}(M)$ は素な閉測地線全体である．

これらの場合に，$N:P\longrightarrow\mathbb{R}_{>1}$ は自然に定まっていて，最も基本的なゼータ関数は

$$\zeta_P(s)=\prod_{p\in P}(1-N(p)^{-s})^{-1}$$

である．例の場合は名前が付いている：

(1) リーマンゼータ関数，

(2) デデキントゼータ関数，

(3) 環のハッセゼータ関数，

(4) スキームのハッセゼータ関数，

(5) セルバーグゼータ関数．

ここで，(1) ⊂ (2) ⊂ (3) ⊂ (4) なので，要するにハッセゼータ関数とセルバーグゼータ関数である．

それだけでは，ゼータ関数論はさびし過ぎるし，何より P の性質を研究するためにも，表現付のゼータ関数（“L 関数”）を構成する G と α が必要となる．

群 G は位相群であるが，はじめは有限群やコンパクト群を思い浮かべてもらえば良い．具体例の (1) – (4) ではガロア群・ヴェイユ群・ラングランズ群などであり，(5) では基本群などである．

さらに,

$$\alpha : P \longrightarrow \mathrm{Conj}(G)$$

は, 場合に応じて, (1) - (4) の例ではフロベニウス写像や佐武写像（前者はガロア表現関係, 後者は保型表現関係）と呼ばれるものであり, (5) では自然なホモトピー類写像である.

それぞれについては本が何冊あっても足りないので, 必要となったときに解説しよう. 要するに, 現状でオイラー積を構成できるものなら何でも良いのである.

さて, オイラー基盤 $E=(P,G,\alpha)$ を決めたときに, 標準的なゼータ関数は表現

$$\rho : G \longrightarrow \mathrm{GL}(n,\mathbb{C})$$

から作られる

$$Z(s,E,\rho)=\prod_{p\in P}\det(1-\rho(\alpha(p))N(p)^{-s})^{-1}$$

である. ここで, $\rho=\mathbb{1}$ が自明表現のときには

$$Z(s,E,\mathbb{1})=\prod_{p\in P}(1-N(p)^{-s})^{-1}=\zeta_P(s)$$

となる.

保型表現のゼータ関数もガロア表現のゼータ関数もハッセゼータ関数論の L 関数もセルバーグゼータ関数論の L 関数も, このように出てくるものである. それは, 通常のゼータ関数論には充分と思われているのであるが, 前章に指摘しておいた通り, 我々のオイラー積原理には不充分であり, さらに拡大せねばならない.

それには, G の仮想表現環 $R(G)$ 係数の多項式

$$H(T)\in 1+T\cdot R(G)[T]$$

に対してオイラー積

$$Z(s,E,H)=\prod_{p\in P}Z_p(s,E,H),$$

$$Z_p(s,E,H)=H_{\alpha(p)}(N(p)^{-s})^{-1}$$

を考えるのである. ここで, 仮想表現環とは可換環

$$R(G)=\left\{\sum_{\rho}c(\rho)\mathrm{tr}(\rho)\;\middle|\;\begin{array}{l}c(\rho)\in\mathbb{Z}:\text{有限個を除いて}0,\\ \rho\text{は}G\text{の有限次元既約(ユニタリ)表現}\end{array}\right\}$$

であり（$\mathrm{tr}(\rho)$ は ρ の指標），

$$H_{\alpha(p)}(T)\in 1+T\cdot\mathbb{C}[T]$$

は $H(T)$ の係数に $\alpha(p)$ を代入したものである．

たとえば，通常のゼータ関数は表現

$$\rho: G\longrightarrow \mathrm{GL}(n,\mathbb{C})$$

の固有多項式

$$\begin{aligned}H(T)&=\det(1-\rho T)\\ &=\sum_{k=0}^{n}(-1)^{k}\,\mathrm{tr}(\wedge^{k}(\rho))\,T^{k}\end{aligned}$$

にしたもの── $\wedge^{k}(\rho)$ は ρ の k 次外積──となる：

$$\begin{aligned}Z(s,E,H)&=\prod_{p\in P}H_{\alpha(p)}(N(p)^{-s})^{-1}\\ &=\prod_{p\in P}\det(1-\rho(\alpha(p))N(p)^{-s})^{-1}\\ &=Z(s,E,\rho).\end{aligned}$$

なお，$R(G)$ の演算のうち加法は

$$\left(\sum_{\rho}c_1(\rho)\mathrm{tr}(\rho)\right)+\left(\sum_{\rho}c_2(\rho)\mathrm{tr}(\rho)\right)=\sum_{\rho}(c_1(\rho)+c_2(\rho))\mathrm{tr}(\rho)$$

であり，乗法は

$$\begin{aligned}\left(\sum_{\rho}c_1(\rho)\mathrm{tr}(\rho)\right)\cdot\left(\sum_{\rho}c_2(\rho)\mathrm{tr}(\rho)\right)&=\left(\sum_{\rho_1}c_1(\rho_1)\mathrm{tr}(\rho_1)\right)\cdot\left(\sum_{\rho_2}c_2(\rho_2)\mathrm{tr}(\rho_2)\right)\\ &=\sum_{\rho_1,\rho_2}c_1(\rho_1)c_2(\rho_2)\mathrm{tr}(\rho_1\otimes\rho_2)\end{aligned}$$

である．ここで $\rho_1\otimes\rho_2$ はテンソル積であり，既約表現の直和に分解して用いる．

ゼータ関数論における表現論については

黒川信重『ガロア理論と表現論──ゼータ関数への出発』日本評論社，2014 年を読まれたい．

4.2　ラマヌジャン保型形式の場合

オイラー基盤の活用については，ラマヌジャン保型形式の場合が具体的であり，一般性にも富んでいるので，見ておこう．

ラマヌジャン保型形式とは $\mathrm{Im}(z)>0$ に対して定まる

$$\begin{aligned}\Delta(z) &= e^{2\pi iz}\prod_{n=1}^{\infty}(1-e^{2\pi inz})^{24} \\ &= \sum_{n=1}^{\infty}\tau(n)e^{2\pi inz}\end{aligned}$$

のことであり，詳細は

黒川信重・栗原将人・斎藤毅『数論II』岩波書店，2005 年

の第 9 章を読まれたい．

その保型性とは

$$\Delta\left(\frac{az+b}{cz+d}\right)=(cz+d)^{12}\Delta(z)$$

がすべての $\begin{pmatrix}a & b\\ c & d\end{pmatrix}\in SL(2,\mathbb{Z})$ に対して成り立つというものである．ただし，

$$SL(2,\mathbb{Z})=\left\{\begin{pmatrix}a & b\\ c & d\end{pmatrix}\middle|\begin{array}{l}a,b,c,d\in\mathbb{Z}\\ ad-bc=1\end{array}\right\}$$

はモジュラー群である．

通常の L 関数

$$\begin{aligned}L(s,\Delta) &= \sum_{n=1}^{\infty}\tau(n)n^{-s} \\ &= \prod_{p}(1-\tau(p)p^{-s}+p^{11-2s})^{-1}\end{aligned}$$

は $s\in\mathbb{C}$ 全体へ正則関数として解析接続可能であり，関数等式

$$\hat{L}(12-s,\Delta)=\hat{L}(s,\Delta)$$

をみたす．ここで，

$$\hat{L}(s,\Delta)=L(s,\Delta)\Gamma_{\mathbb{C}}(s),$$
$$\Gamma_{\mathbb{C}}(s)=2(2\pi)^{-s}\Gamma(s)$$

である．その証明はわかりやすい（第 2 章の $\zeta_{\mathbb{Z}}(s)$ の場合より簡単である）：

$$\begin{aligned}\frac{1}{2}\hat{L}(s,\Delta)&=\int_0^\infty \Delta(it)t^s\frac{dt}{t}\\&=\int_1^\infty \Delta(it)t^s\frac{dt}{t}+\int_0^1 \Delta(it)t^s\frac{dt}{t}\\&=\int_1^\infty \Delta(it)t^s\frac{dt}{t}+\int_1^\infty \Delta\left(i\frac{1}{t}\right)t^{-s}\frac{dt}{t}\end{aligned}$$

とした上で，保型性からの

$$\Delta\left(i\frac{1}{t}\right)=t^{12}\Delta(it)$$

を用いて

$$\begin{aligned}\frac{1}{2}\hat{L}(s,\Delta)&=\int_1^\infty \Delta(it)t^s\frac{dt}{t}+\int_1^\infty \Delta(it)t^{12-s}\frac{dt}{t}\\&=\int_1^\infty \Delta(it)(t^s+t^{12-s})\frac{dt}{t}\end{aligned}$$

とすれば，この表示は $s\in\mathbb{C}$ 全体の正則関数としての解析接続および関数等式

$$\hat{L}(12-s,\Delta)=\hat{L}(s,\Delta)$$

を同時に与えている．関数等式を $s\longleftrightarrow 1-s$ に正規化するには

$$\begin{aligned}L\left(s+\frac{11}{2},\Delta\right)&=\sum_{n=1}^\infty a(n)n^{-s}\\&=\prod_p(1-a(p)p^{-s}+p^{-2s})^{-1}\end{aligned}$$

を考えればよい．ここで

$$a(n)=\tau(n)n^{-\frac{11}{2}}$$

である．

ラマヌジャン予想（1916年にラマヌジャンが提出し，1974年にドリーニュが証明）とは，素数 p に対して $|a(p)| \leqq 2$ となることである．したがって，

$$a(p) = 2\cos(\theta(p))$$

をみたす $0 \leqq \theta(p) \leqq \pi$ が定まることになる：

$$\sum_{n=1}^{\infty} a(n) n^{-s} = \prod_{p} (1 - 2\cos(\theta(p)) p^{-s} + p^{-2s})^{-1}.$$

佐藤テイト予想（1963年5月に佐藤幹夫が提出し，1964年にテイトがゼータ関数による解釈を与え，2011年にテイラーたちが証明）とは $\theta(p)$ の分布に関する次の予想のことである：

$0 \leqq \alpha < \beta \leqq \pi$ に対して

$$\lim_{x \to \infty} \frac{|\{p \leqq x \mid \alpha \leqq \theta(p) \leqq \beta\}|}{\pi(x)} = \int_{\alpha}^{\beta} \frac{2}{\pi} \sin^2(\theta) d\theta.$$

ただし，$\pi(x)$ は x 以下の素数の個数である．

また，第3章で見た通り

$$\sum_{n=1}^{\infty} a(n^2) n^{-s} = \frac{\zeta_{\mathbb{Z}}(s)}{\zeta_{\mathbb{Z}}(2s)} \prod_{p} (1 - 2\cos(2\theta(p)) p^{-s} + p^{-2s})^{-1}$$

および

$$\sum_{n=1}^{\infty} a(n)^2 n^{-s} = \frac{\zeta_{\mathbb{Z}}(s)^2}{\zeta_{\mathbb{Z}}(2s)} \prod_{p} (1 - 2\cos(2\theta(p)) p^{-s} + p^{-2s})^{-1}$$

は $s \in \mathbb{C}$ 全体の有理型関数として解析接続を持つ（証明は『数論II』を読まれたい）のに対して，

$$\sum_{n=1}^{\infty} a(n^3) n^{-s} = \prod_{p} (1 - 2\cos(3\theta(p)) p^{-s} + p^{-2s})^{-1} \times \prod_{p} (1 + a(p) p^{-s})$$

は，そうならない（黒川）のであった．ここで，

$$(☆) \qquad \prod_{p} (1 - 2\cos(m\theta(p)) p^{-s} + p^{-2s})^{-1}$$

は $s \in \mathbb{C}$ 全体の有理型関数として解析接続されて $s \longleftrightarrow 1-s$ 型の関数等式をもつことが知られている：証明は2011年にテイラ

ーたちが佐藤テイト予想の解決のために与えた．もともと，(☆)が重要な問題として浮上したきっかけは，ラマヌジャン予想や佐藤テイト予想の研究を動機としていたという長い歴史も読んでほしい．

そこで，次に問題となってくるのは

$$\prod_p (1+a(p)p^{-s}) = \prod_p (1+2\cos(\theta(p))p^{-s})$$

というオイラー積であり，これが $\mathrm{Re}(s)>0$ に有理型関数として解析接続をもつものの $\mathrm{Re}(s)=0$ が自然境界になってしまうという違いを解明することである．

このように見てくると，通常の素数全体 P，

$$G=\{M\in SL(2,\mathbb{C})\,|\,{}^t\overline{M}M=I_2\}=SU(2),$$

$$\begin{array}{ccccc} \alpha : P & \longrightarrow & \mathrm{Conj}(SU(2)) & \overset{1:1}{=\!=\!=} & [0,\pi] \\ \Psi & & \Psi & & \Psi \\ p & \longmapsto & \left[\begin{pmatrix} e^{i\theta(p)} & 0 \\ 0 & e^{-i\theta(p)} \end{pmatrix}\right] & \longleftrightarrow & \theta(p) \end{array}$$

というオイラー基盤 $E=(P,G,\alpha)$ が妥当であることが納得されるであろう．なお，$SU(2)$ の正規化されたハール測度から誘導された $[0,\pi]$ 上の正規化された測度は $\dfrac{2}{\pi}\sin^2(\theta)d\theta$ であり——もちろん

$$\int_0^\pi \frac{2}{\pi}\sin^2(\theta)d\theta=1$$

である——佐藤テイト予想に用いられていた．つまり，佐藤テイト予想とは，その測度に関して $\theta(p)$ が一様分布するという予想であり，オイラー積原理の鍵となる．

既約表現全体は

$$\widehat{SU(2)}=\{\mathrm{Sym}^m\,|\,m=0,1,2,\cdots\}$$

となる．ここで，$m+1$ 次元表現

$$\begin{array}{ccc} \mathrm{Sym}^m: SU(2) & \longrightarrow & SU(m+1) \\ \cup\!\!\!\!\!\!\,\psi & & \cup\!\!\!\!\!\!\,\psi \\ \begin{pmatrix} a & b \\ c & d \end{pmatrix} & \longmapsto & \mathrm{Sym}^m\begin{pmatrix} a & b \\ c & d \end{pmatrix} \end{array}$$

は$\begin{pmatrix} a & b \\ c & d \end{pmatrix} \in SU(2)$に対して具体的に書くと

$$((ax+cy)^m, (ax+cy)^{m-1}(bx+dy), \cdots, (ax+cy)(bx+dy)^{m-1}, (bx+dy)^m)$$

$$=(x^m, x^{m-1}y, \cdots, xy^{m-1}, y^m)\mathrm{Sym}^m\begin{pmatrix} a & b \\ c & d \end{pmatrix}$$

で与えられる(『ガロア理論と表現論』参照). たとえば:

$$\mathrm{Sym}^0\begin{pmatrix} a & b \\ c & d \end{pmatrix}=(1),$$

$$\mathrm{Sym}^1\begin{pmatrix} a & b \\ c & d \end{pmatrix}=\begin{pmatrix} a & b \\ c & d \end{pmatrix},$$

$$\mathrm{Sym}^2\begin{pmatrix} a & b \\ c & d \end{pmatrix}=\begin{pmatrix} a^2 & ab & b^2 \\ 2ac & ad+bc & 2bd \\ c^2 & cd & d^2 \end{pmatrix},$$

$$\mathrm{Sym}^3\begin{pmatrix} a & b \\ c & d \end{pmatrix}=\begin{pmatrix} a^3 & a^2b & ab^2 & b^3 \\ 3a^2c & a^2d+2abc & b^2c+2abd & 3b^2d \\ 3ac^2 & bc^2+2acd & ad^2+2bcd & 3bd^2 \\ c^3 & c^2d & cd^2 & d^3 \end{pmatrix}.$$

さらに,

$$R(SU(2))=\left\{\sum_{m=0}^{\infty} c(m)\mathrm{tr}(\mathrm{Sym}^m) \;\middle|\; c(m)\in\mathbb{Z}: \text{有限個を除いて} 0\right\}$$

を$\mathrm{Conj}(SU(2))=[0,\pi]$上の関数として具体的に書くと

$$R(SU(2))=\left\{\sum_{m=0}^{\infty} \tilde{c}(m)\cos(m\theta) \;\middle|\; \begin{array}{l} \tilde{c}(0)\in\mathbb{Z},\ \tilde{c}(m)\in 2\mathbb{Z}\ (m\geqq 1) \\ \text{有限個を除いて} 0 \end{array}\right\}$$

となる. 基本的なラングランズL関数は, $m=0,1,2,\cdots$に対しての

$$Z(s,E,\mathrm{Sym}^m)$$

$$=\prod_p \prod_{\substack{1\leqq k\leqq m \\ k\equiv m \bmod 2}} (1-2\cos(k\theta(p))p^{-s}+p^{-2s})^{-1}\times\begin{cases} \zeta_{\mathbb{Z}}(s) & \cdots\cdots\ m\text{は偶数}, \\ 1 & \cdots\cdots\ m\text{は奇数} \end{cases}$$

となる.

このようにして，オイラー基盤 $E=(P,G,\alpha)$ によって

$$H(T)=1+2\cos(\theta)T\in 1+T\cdot R(SU(2))[T]$$

に対する

$$\begin{aligned}Z(s,E,H)&=\prod_p(1+2\cos(\theta(p))p^{-s})^{-1}\\&=\prod_p(1+a(p)p^{-s})^{-1}\end{aligned}$$

を扱うことができるのである.

4.3　一般的な道筋

オイラー基盤 $E=(P,G,\alpha)$ が一般的に与えられると，オイラー積 $Z(s,E,H)$ を研究することができる．その研究は，三段階に分かれる：

第1段階：オイラー積を有限型と無限型に分類すること,

第2段階：有限型のオイラー積の研究,

第3段階：無限型のオイラー積の研究.

簡単に書けば，第1段階では，オイラー積 $Z(s,E,H)$ を「有限型」と「無限型」に分類し，第2段階では有限型なら $s\in\mathbb{C}$ 全体で有理型関数として解析接続可能であることを示し，第3段階では無限型のときは $\mathrm{Re}(s)>0$ に有理型関数として解析接続可能であるが $\mathrm{Re}(s)=0$ を自然境界にもつことを証明する，という方針である.

たとえば，前節に出てきた

$$H(T)=1+2\cos(\theta)T\in 1+T\cdot R(SU(2))[T]$$

のときのオイラー積

$$Z(s,E,H)=\prod_p(1+2\cos(\theta(p))p^{-s})^{-1}$$

は無限型と分類され（分類については次節で説明する），したがって，$\mathrm{Re}(s)>0$ においては有理型関数として解析接続されるものの $\mathrm{Re}(s)=0$ を自然境界にもつ，という結論が得られることになる．

4.4　分類

有限型と無限型の分類は多項式の積に“展開”（あるいは“分解”）することによって分別する．ここも，詳細はあとにするが要点は簡単である．

その基本は展開

$$H(T)=\prod_{n=1}^{\infty}\prod_{\rho\in\hat{G}}\det(1-\rho T^n)^{\kappa(n,\rho)},$$

$$\kappa(n,\rho)\in\mathbb{Z}$$

である．ここで，計算は乗法群 $1+TR(G)[[T]]$ 内で行うことにする．各 n に対して，$\kappa(n,\rho)$ は有限個の ρ を除いて 0 であり，そのような $\kappa(n,\rho)\in\mathbb{Z}$ は一意的に定まる．

そこで

H ＜
- 有限型：ある N が存在して，$n>N$ なら任意の ρ に対して $\kappa(n,\rho)=0$,
- 無限型：そうでないとき

と分類する．つまり，

$$H(T)=\prod_{n=1}^{N}\prod_{\rho\in\hat{G}}\det(1-\rho T^n)^{\kappa(n,\rho)}$$

と有限積（$\kappa(n,\rho)\neq 0$ となる (n,ρ) は有限個）となる場合が有限型であり，無限個の (n,ρ) に対して $\kappa(n,\rho)\neq 0$ となっている場合が無限型である．

すると，有限型の場合は

$$Z(s,E,H)=\prod_{n=1}^{N}\prod_{\rho\in\hat{G}}Z(ns,E,\rho)^{\kappa(n,\rho)}$$

という標準的なゼータ関数の有限積となるので，$s\in\mathbb{C}$ 全体における解析的性質は“扱いやすい”ことになる．

一方，無限型の場合は表示

$$Z(s,E,H)=\prod_{n=1}^{\infty}\prod_{\rho\in\hat{G}}Z(ns,E,\rho)^{\kappa(n,\rho)}$$

は標準的なゼータ関数の無限積であり，その実質的な意味を与えることも含めて，扱いが難しくなるのであるが，その困難を乗り越えて $\mathrm{Re}(s)>0$ における解析的性質と自然境界 $\mathrm{Re}(s)=0$ の存在を証明することが課題となる．

さらに，オイラー積

$$Z(s,E,H)=\prod_{p\in P}Z_p(s,E,H)$$

のレベルでの分類

「有限性 $\Longleftrightarrow$ すべての $p\in P$ で $Z_p(s,E,H)$ はリーマン予想をみたす」

を示すことが重要な点であり，その結果，オイラー積原理が成立し，使いやすくなる．

全体の議論は私の修士論文（東工大，1977 年 3 月）の内容であり，詳細は

N.Kurokawa “On the meromorphy of Euler products”［オイラー積の有理型性］Proc. Japan Academy **54A**（1978）163-166

および

N.Kurokawa “On the meromorphy of Euler products（Ⅰ）（Ⅱ）”［オイラー積の有理型性（Ⅰ）（Ⅱ）］Proc. London Mathematical Society **53**（1986）（Ⅰ）1-47；（Ⅱ）209-236

に出ている.

また，論文では $E=(P,G,\alpha)$ に対して $\overline{E}=(P,G\times\mathbb{R},\overline{\alpha})$ も活用している：

$$\begin{array}{ccc} \overline{\alpha}:P & \longrightarrow & \mathrm{Conj}(G\times\mathbb{R})=\mathrm{Conj}(G)\times\mathbb{R}. \\ \Cup & & \Cup \\ p & \longmapsto & (\alpha(p),\log N(p)) \end{array}$$

そうすると，$Z(s,E,H)$ だけでなく絶対テイトモチーフ版の $\prod_k Z(s-k,E,H)^{a(k)}$ なども自由に使えて便利である.

練習問題 1　次の $H(T)\in 1+T\mathbb{Z}[T]$ を

$$H(T)=\prod_{n=1}^{\infty}(1-T^n)^{\kappa(n)}\quad(\kappa(n)\in\mathbb{Z})$$

と分解し，有限型かどうか調べよ.

(1) $H(T)=1-T+T^2$.

(2) $H(T)=1+T+T^2$.

解答　一般に

$$H(T)=1+h_1T+h_2T^2+\cdots\in 1+T\mathbb{Z}[T]$$

に対しては，$\kappa(1)=-h_1$ として

$$H(T)(1-T)^{-\kappa(1)}=1+h_2'T^2+\cdots$$

となるので，$\kappa(2)=-h_2'$ とおく．これを繰り返せば $\kappa(n)\,(n=1,2,\cdots)$ が求まる.

(1) $H(T)=(1-T)^{-1}(1-T^3)$ であり，有限型である.

(2) $H(T)=(1-T)(1-T^2)^{-1}(1-T^3)^{-1}(1-T^6)$ であり，有限型である.　**（解答終）**

練習問題2

$$H(T)=1-2T\in 1+T\mathbb{Z}[T]$$

に対して

$$H(T)=\prod_{n=1}^{\infty}(1-T^n)^{\kappa(n)},$$

$$\kappa(n)=\frac{1}{n}\sum_{m|n}\mu\left(\frac{n}{m}\right)2^m$$

となり，$H(T)$ は無限型であることを示せ．

解答　練習問題1のように計算すると

$$H(T)=1-2T=(1-T)^2(1-T^2)^1(1-T^3)^2\cdots$$

と帰納的に $\kappa(n)\in\mathbb{Z}$ が求まり

$$\kappa(1)=2,\ \kappa(2)=1,\ \kappa(3)=2,\ \cdots$$

である（結果的にはすべて正）．

次に

$$\kappa(n)=\frac{1}{n}\sum_{m|n}\mu\left(\frac{n}{m}\right)2^m$$

となることを示そう．そこで

$$H(T)=1-2T=\prod_{n=1}^{\infty}(1-T^n)^{\kappa(n)}$$

の対数をとると

$$\log H(T)=\log(1-2T)=-\sum_{m=1}^{\infty}\frac{2^m}{m}T^m$$

および

$$\begin{aligned}\log H(T)&=\sum_{n=1}^{\infty}\kappa(n)\log(1-T^n)\\&=-\sum_{n=1}^{\infty}\sum_{m=1}^{\infty}n\kappa(n)\frac{T^{nm}}{nm}\\&=-\sum_{m=1}^{\infty}\frac{1}{m}\left(\sum_{n|m}n\kappa(n)\right)T^m\end{aligned}$$

となる（最後の行では mn を m と置きかえた）.

よって，等式

$$\sum_{n|m} n\kappa(n) = 2^m$$

を得る．したがって，

$$g(n) = n\kappa(n),$$
$$f(m) = 2^m$$

とおくと

$$\sum_{n|m} g(n) = f(m)$$

となり，メビウス変換公式により

$$g(n) = \sum_{m|n} \mu\left(\frac{n}{m}\right) f(m)$$

を得る．つまり

$$n\kappa(n) = \sum_{m|n} \mu\left(\frac{n}{m}\right) 2^m.$$

したがって，

$$\kappa(n) = \frac{1}{n} \sum_{m|n} \mu\left(\frac{n}{m}\right) 2^m > 0$$

となり，$H(T)$ は無限型であり．　　　　**（解答終）**

注意 1　練習問題 2 における $\kappa(n)$ は 2 元体 $\mathbb{F}_2$ 上の多項式環 $\mathbb{F}_2[x]$ における n 次既約モニック多項式（「モニック」とは最高次係数が 1 という意味）の個数と一致する．等式

$$\prod_{n=1}^{\infty} (1-T^n)^{\kappa(n)} = 1-2T$$

は $T = 2^{-s}$ とおくと，ハッセゼータ関数の計算

$$\zeta_{\mathbb{F}_2[x]}(s) = (1-2^{1-s})^{-1}$$

と同値であることがわかる．

注意2　練習問題2と同じ計算をすると，$a \in \mathbb{Z}$に対して

$$H(T) = 1 - aT \in 1 + T\mathbb{Z}[T]$$

は

$$H(T) = \prod_{n=1}^{\infty} (1 - T^n)^{\kappa(n)},$$

$$\kappa(n) = \frac{1}{n} \sum_{m|n} \mu\left(\frac{n}{m}\right) a^m$$

となり，「H ：有限型 $\Longleftrightarrow a = 0, \pm 1$」とわかる．たとえば，$a = -1$のとき

$$H(T) = 1 + T = (1 - T)^{-1}(1 - T^2)$$

である．さらに，一般の$H(T) \in 1 + T\mathbb{Z}[T]$に対して（後に証明する通り；6.8節参照）

H ：有限型 $\Longleftrightarrow$ H の零点（$\mathbb{C}$ 内）が1のべき根のみ

$\Longleftrightarrow$ H は円分多項式の積

となる．練習問題1は，この例となっている．

練習問題 3

G が位数 2 の乗法群 $\mu_2=\{1,-1\}$ のとき G の指標を $\hat{G}=\{\mathbb{1},\chi\}$ と書くことにする．次の

$$H(T)\in 1+TR(G)[T]$$

が有限型かどうか調べよ．

(1) $H(T)=1-2\chi T+T^2$.

(2) $H(T)=1-(1+\chi)T+T^2$.

(3) $H(T)=1-(1+\chi)T$.

解答 表示

$$H(T)=\prod_{n=1}^{\infty}(1-T^n)^{\kappa(n,\mathbb{1})}(1-\chi T^n)^{\kappa(n,\chi)}$$

を計算すればよい．

(1) $H(T)=(1-\chi T)^2$ で有限型．

(2) $H(T)=(1-T)(1-\chi T)(1-T^2)^{-1}(1-\chi T^2)$ で有限型．

(3) $H(T)$ が無限型であることを示そう．もし有限型とすると

$$H(T)=\prod_{n=1}^{N}(1-T^n)^{\kappa(n,\mathbb{1})}(1-\chi T^n)^{\kappa(n,\chi)}$$

となる．よって，係数に $1\in G$ を代入して

$$1-2T=\prod_{n=1}^{N}(1-T^n)^{\kappa(n,\mathbb{1})+\kappa(n,\chi)}$$

が成立する．ここで，両辺の $\mathbb{C}$ における零点をみると，左辺の零点は $1/2$，右辺の零点は 1 のべき根のみであり，矛盾．よって $H(T)$ は無限型である． **(解答終)**

有限型と無限型の分類はきっぱりしていて，たくさんの例を計算していると楽しい時間を過ごすことができる．それが数学の喜びである．

第5章

具体的問題の効能

数学では具体的問題を持っていることが大切である．あまりに簡単な問題では挑戦しがいもないであろうから，困難さも欲しい．さらに，本質が見えてくるように充分な一般性があることがのぞましい．願いは高めに持っていた方が良い．

本章は，有理数体の有限次ガロア拡大に付随するオイラー基盤 $E=(P,G,\alpha)$ に至った経緯も込めて——45年ほど昔へタイムマシンに乗って行ったつもりで——話そう．“修士論文の書き方”のヒントになっていればうれしい．この場合は，G はガロア群という有限群であり，表現論的な難しさは少ない．その割に，オイラー積原理としての応用は，たくさんの実例を与えてくれる．

もちろん，一般のオイラー基盤 $E=(P,G,\alpha)$ の場合には G は一般の位相群となるので，それへの視線は彼方に保っておかなければならない．

5.1 修士論文の頃

私は東工大修士論文を1977年3月に提出したのであるが，その構想と計算は1975年頃に行っていた．45年ほど昔の記憶をたどってみよう．タイムマシンが使えたときには戻ってみよう．

きっかけは前から読んでいた

E.C.Titchmarsh "The Theory of the Riemann Zeta-function"［リーマンゼータ関数論］Oxford Univ. Press（現在は，1986 年に第 2 版が出て入手しやすくなっている）

にあった簡単な記述だった．その本の第 9 章は "The general distribution of the zeros"［零点の一般的分布］となっていて，9.5 節 "A problem of analytic continuation"［解析接続の一問題］という 2 ページ弱（第 2 版では p.215-216）の短い節に二つの話が書いてあった．一つは

E.Landau and A.Walfisz "Über die Nicht- fortsetzbarkeit einiger durch Dirichletsche Reihen definierter Funktionen"［ディリクレ級数によって定義された関数の解析接続不可能性について］Rend. di Palermo **44**（1919）82-86

にて証明された事であり

$$\sum_{p:\text{素数}} p^{-s} = \sum_{n=1}^{\infty} \frac{\mu(n)}{n} \log \zeta_{\mathbb{Z}}(ns)$$

が $\mathrm{Re}(s)>0$ における解析接続は可能であるけれども $\mathrm{Re}(s)=0$ を自然境界にもつ（したがって，$\mathrm{Re}(s)\leqq 0$ には解析接続不可能）という定理が証明法とともに説明されていた．

もう一つは，ほとんど数行のみの注意であったが

T.Estermann "On certain functions represented by Dirichlet series"［ディリクレ級数によって表示されたある種の関数について］Proc. London Math. Soc.（2）**27**（1928）435-448

において

$$f_{\ell,k}(s) = \sum_{n=1}^{\infty} d_k(n)^{\ell} n^{-s}$$

を整数 $\ell \geqq 1, k \geqq 2$ に対して考えると，

$$(\ell,k) = \begin{cases} (1,*) \\ (2,2) \end{cases}$$

ならば $f_{\ell,k}(s)$ は $s\in\mathbb{C}$ に有理型関数として解析接続可能であるが，それ以外の (ℓ,k) に対しては $f_{\ell,k}(s)$ は $\mathrm{Re}(s)>0$ には有理型関数として解析接続可能なものの $\mathrm{Re}(s)=0$ を自然境界にもつということが証明されているという事実であった（証明方法の注意は無い）．

ただし，

$$\sum_{n=1}^{\infty} d_k(n)n^{-s}=\zeta_{\mathbb{Z}}(s)^k$$

であり，具体的には

$$d_k(n)=|\{(n_1,\cdots,n_k)\,|\,n_1\cdots n_k=n\}|$$

である．たとえば，$d_2(n)=d(n)$ は n の約数の個数である．なお，$k=1$ のときは $d_1(n)=1$ であり $f_{\ell,1}(s)=\zeta_{\mathbb{Z}}(s)$ となっている．

このエスターマンの論文は我々のオイラー基盤 $E=(P,G,\alpha)$ の定式化では

$P=$［素数全体］

$G=\{1\}$ 自明群，

α ：自明写像

の場合を扱っていて，次の定理が証明されている：

定理（エスターマン）

$H(T)\in 1+T\mathbb{Z}[T]$ に対して

$$Z(s,H)=\prod_{p\,;\,\text{素数}} H(p^{-s})^{-1}$$

とすると次が成立する．

(1)　H ：有限型 $\Longleftrightarrow Z(s,H)$ は $s\in\mathbb{C}$ 全体の有理型関数．

(2)　H ：無限型 $\Longleftrightarrow Z(s,H)$ は $\mathrm{Re}(s)>0$ において有理型関数であるが自然境界 $\mathrm{Re}(s)=0$ をもつ．

もちろん，

$$H(T)=\prod_{n=1}^{\infty}(1-T^n)^{\kappa(n)} \quad (\kappa(n)\in\mathbb{Z})$$

と展開して，右辺が有限積のときが有限型，そうでないときが無限型という定義である．ただし，エスターマンの原論文を見ていただくとわかるように，そのように定式化してあるわけではない．それを見抜くのに時間がかかったのであるが，$E=(P,G,\alpha)$ を用いる定式化を思いついた時はうれしかった．古い論文なので誰かがその方向に一般化しているのかも知れないと思ったが，結局はやっていなかった．しかも，我々の定式化では

$$H(T)\in 1+T\cdot R(G)[T]$$

に対してオイラー積

$$Z(s,E,H)=\prod_{p\in P}H_{\alpha(p)}(N(p)^{-s})^{-1}$$

を考えるので，「エスターマンではオイラー積の p ごとの変化が無さすぎる」という感じが解消されたのも良いことだった．

そこに至る際に，以前から私はラマヌジャン予想を何とか研究したいと思っていたことが大きな役割を果たしていたのだと強く感じている．それは，オイラー積

$$Z(s,E,H)=\prod_{p\in P}Z_p(s,E,H)$$

におけるオイラー積原理

『$Z(s,E,H)$ が $\mathbb{C}$ 上で有理型 $\Longleftrightarrow$ すべての $p\in P$ に対して $Z_p(s,E,H)$ がリーマン予想をみたす』

の定式化においてもそうである（「ラマヌジャン予想」＝「局所リーマン予想」）し，ラマヌジャン予想の研究において出てきたディリクレ級数

$$\sum_{n=1}^{\infty}\tau(n)^m n^{-s} \quad (m\geqq 3)$$

を究明しようという欲求がオイラー基盤 $E=(P,SU(2),\alpha)$ に至らせたのである．

一方，E による定式化には難点もあった．それは基本的なゼータ関数

$$\left\{Z(s,E,\rho)\,|\,\rho\in\widehat{SU(2)}\right\}=\left\{Z(s,E,\mathrm{Sym}^m)\,|\,m=0,1,2,\cdots\right\}$$

のすべての解析接続（正則性も含む）と関数等式を仮定せねばならないことで，さすがの“予想屋”の私でも，それを主定理とする修士論文ではまずいと思った次第である．

なお，タイムマシンを 2020 年秋に戻すと

J.Newton and J.Thorne “Symmetric power functoriality for holomorphic modular forms（II）”［正則保型形式に対する対称べき関手性］arXiv: 2009.07180［math.NT］15 Sep 2020

を発見できる．これはまさに上記の仮定は 45 年後には証明される（あるいは，45 年もかかる！）という事実に他ならないが，その頃はそれまで待つわけには行かなかったのであり，修士論文には提出期限がつきものである．

実際，1975 年の最高の成果は $Z(s,E,\mathrm{Sym}^2)$ の正則性が志村五郎先生によって証明されたことであった：

G.Shimura “On the holomorphy of certain Dirichlet series”［あるディリクレ級数の正則性について］Proc.London Math. Soc.（3）**31**（1975）79-98.

その方法は，$a(n)=\tau(n)n^{-\frac{11}{2}}$ とすると

$$\begin{aligned}Z(s,E,\mathrm{Sym}^2)&=\zeta_{\mathbb{Z}}(2s)\left(\sum_{n=1}^{\infty}a(n^2)n^{-s}\right)\\&=\prod_{p:\text{素数}}(1-a(p^2)p^{-s}+a(p^2)p^{-2s}-p^{-3s})^{-1}\end{aligned}$$

という表示から Δ と ϑ のコンボルーション（基本領域上の積分）を用いるという意外なもので驚かされた．

さて，修士論文執筆に戻ろう．何か仮定の不要な定理を証明せねばならない．幸運なことに，1974年の論文

P.Deligne and J.P.Serre "Formes modulaires de poids 1"［重さ1のモジュラー形式］Ann.Sci.École Norm. Sup. (4) **7** (1974) 507-530

によって重さ1の正則保型形式に対しては，対応するガロア表現が構成されていた．したがって，$E=(P, \mathrm{Gal}(K/\mathbb{Q}), \alpha)$ に帰着できて，たとえば，重さ1の正則保型形式に対しては，$m \geqq 3$ のとき $\sum_{n=1}^{\infty} a(n^m) n^{-s}$ と $\sum_{n=1}^{\infty} a(n)^m n^{-s}$ は $\mathrm{Re}(s)>0$ において有理型関数に解析接続可能であるものの $\mathrm{Re}(s)=0$ という自然境界をもつ，という定理が何の予想も仮定せずに証明できた．

この E を代数体のヴェイユ群の場合に拡張すると，リニクの問題も解けた：

N.Kurokawa "On Linnik' s problem" Proc.Japan Acad.**54A** (1978) 167-169.

ここで，リニクの問題とは，代数体 F の有限次拡大体 K_j $(j=1, \cdots, r)$ の量指標（GL(1) の保型表現）χ_j が与えられた場合に K_j の L 関数を

$$L_{K_j}(s, \chi_j)=\sum_{I \subset \mathcal{O}_F} a_j(I) N(I)^{-s}$$

と "F 上" で展開したとき，F 上のディリクレ級数

$$\sum_{I \subset \mathcal{O}_F} a_1(I) \cdots a_r(I) N(I)^{-s}$$

は $s \in \mathbb{C}$ 全体に解析接続可能か否か，という問題である．我々のオイラー基盤によるオイラー積原理が証明できたので，結果は簡明であり拡大次数 $[K_j : F]=n_j$ $(j=1, \cdots, r)$ だけで決まる：$(n_1, \cdots, n_r)$ が順番を除いて $(1, \cdots, 1, *)$ および $(1, \cdots, 1, 2, 2)$ の形に

なるときは $\mathbb{C}$ 上で有理型，それ以外では $\mathrm{Re}(s)>0$ で有理型で $\mathrm{Re}(s)=0$ は自然境界となる．

なお，その当時は多変数のモジュラー形式であるジーゲル保型形式の場合に“ラマヌジャン予想”(局所リーマン予想）が成立するかどうかを実例で調べて反例などを見つけて論文となった（1976年2月に志村五郎先生に報告）：

N.Kurokawa “Examples of eigenvalues of Hecke operators on Siegel cusp forms of degree two”［次数2のジーゲル保型形式に対するヘッケ作用素の固有値例］Inventiones Math.**49**（1978）149-166.

また，並行して“Siegel wave forms”（ジーゲル波動形式）の研究も行っていたが，それはマース先生（Hans Maass）に下書き原稿を送ったままになってしまった．マース先生への1977年8月20日の手紙の一部が

黒川信重「Siegel wave forms and Kronecker limit formula without absolute value（ジーゲル波動形式と絶対値なしのクロネッカー極限公式）」『保型的 L 関数の構成とその応用』数理解析研究所講究録 **792**（1991年11月5日-8日）64-133

に再録されている（p.80 -133）．それもラマヌジャン予想を目指したものだった．

振り返ってみると，修士論文にするために二つか三つのテーマで計算を進めていたことは——好きな“ラマヌジャン予想”が背景にあって——精神を安定させるためには良かった気がする．あとは運を天にまかせて“待つ”しかないのであろう．

5.2　ガロア的オイラー基盤

有理数体 $\mathbb{Q}$ の有限次ガロア拡大体 K を固定すると，自然なオイラー基盤 $E=(P,G,\alpha)$ が定まる．P としては $K/\mathbb{Q}$ で不分岐な素数全体（K の判別式を D とすると D を割り切らない素数全体）をとり，G をガロア群 $\mathrm{Gal}(K/\mathbb{Q})$ とし，$\alpha:P\longrightarrow\mathrm{Conj}(\mathrm{Gal}(K/\mathbb{Q}))$ をフロベニウス共役類への写像とする．

有限群 G の既約表現の同値類全体を $\hat{G}$ で表わすと，等式 $|\hat{G}|=|\mathrm{Conj}(G)|$ が成立する．有限群 G の仮想表現環 $R(G)$ は

$$R(G)=\left\{\sum_{\rho\in\hat{G}}c(\rho)\mathrm{tr}(\rho)\;\middle|\;c(\rho)\in\mathbb{Z}\right\}$$

である．

たとえば，$K=\mathbb{Q}(\mu_N)=\mathbb{Q}(e^{2\pi i/N})$ のとき，

$$P=\{\text{素数 } p \text{ で}, N \text{ を割り切らないもの}\},$$
$$G\cong(\mathbb{Z}/N\mathbb{Z})^\times,$$
$$\alpha(p)=[p \bmod N]\in\mathrm{Conj}(G)=G$$

であり，

$$\hat{G}=\{\chi_1,\cdots,\chi_{\varphi(N)}\}\ :\ \bmod N \text{ のディリクレ指標},$$

$$R(G)=\mathbb{Z}[\chi_1,\cdots,\chi_{\varphi(N)}]$$

となる．

5.3　オイラー積原理

$E=(P,G,\alpha)$ を前節の通りとする．オイラー積原理は次の形で成立する．

定理A $H(T)\in 1+T\cdot R(G)[T]$ に対してオイラー積

$$Z(s,E,H)=\prod_{p\in P}Z_p(s,E,H),$$
$$Z_p(s,E,H)=H_{\alpha(p)}(p^{-s})^{-1}$$

を考える．次は同値である．

(1) $Z(s,E,H)$ は $s\in\mathbb{C}$ 全体に有理型関数として解析接続可能である．

(2) すべての p に対して $Z_p(s,E,H)$ はリーマン予想をみたす．つまり，$Z_p(s,E,H)$ の極はすべて $\mathrm{Re}(s)=0$ 上に乗っている．

これを証明するには，より精密な定理 A* を示すことになる．

定理A*

(1) H が有限型 $\Longleftrightarrow Z(s,E,H)$ は $s\in\mathbb{C}$ に有理型関数として解析接続可能である．

(2) H が有限型 $\Longleftrightarrow$ すべての p に対して $Z_p(s,E,H)$ はリーマン予想をみたす．

(3) H が無限型 $\Longleftrightarrow Z(s,E,H)$ は $\mathrm{Re}(s)>0$ に有理型関数として解析接続可能であるが自然境界 $\mathrm{Re}(s)=0$ をもつ．

応用例

表現 $\rho_j:\mathrm{Gal}(K/\mathbb{Q})\longrightarrow \mathrm{GL}(n_j,\mathbb{C})$ $(j=1,\cdots,r)$ を $n_1\leqq\cdots\leqq n_r$ と並べて，アルティン L 関数を

$$L(s,\rho_j)=\sum_{n=1}^{\infty}a_j(n)n^{-s}$$

と展開したとき，

$$\sum_{n=1}^{\infty}a_1(n)\cdots a_r(n)n^{-s}\text{ が }\mathbb{C}\text{ 全体で有理型}$$
$$\Longleftrightarrow (n_1,\cdots,n_r)=\begin{cases}(1,\cdots,1,*),\\(1,\cdots,1,2,2).\end{cases}$$

5.4　有限型と無限型

$H(T)\in 1+T\cdot R(G)[T]$（G は有限群）に対して

$$H(T)=\prod_{n=1}^{\infty}\prod_{\rho\in\hat{G}}\det(1-\rho T^n)^{\kappa(n,\rho)}\quad(\kappa(n,\rho)\in\mathbb{Z})$$

と展開したとき

$$H(T)=\prod_{n=1}^{N}\prod_{\rho\in\hat{G}}\det(1-\rho T^n)^{\kappa(n,\rho)}$$

の形になるときを有限型と呼び，そうでないときを無限型と呼ぶのであった．

まず，展開できることは n についての帰納法でわかる．いま，

$$H(T)=1+h_1T+h_2T^2+\cdots$$

となっていたとすると

$$h_1=\sum_{\rho\in\hat{G}}c(1,\rho)\mathrm{tr}(\rho)\quad(c(1,\rho)\in\mathbb{Z})$$

と書いておき，

$$\kappa(1,\rho)=-c(1,\rho)$$

と定める．すると

$$\begin{aligned}\det(1-\rho T)^{-\kappa(1,\rho)}&=(1-\mathrm{tr}(\rho)T+(T^2\text{以上}))^{-\kappa(1,\rho)}\\&=1+\kappa(1,\rho)\mathrm{tr}(\rho)T+(T^2\text{以上})\end{aligned}$$

なので

$$\begin{aligned}&H(T)\prod_{\rho}\det(1-\rho T)^{-\kappa(1,\rho)}\\&=\{1+h_1T+(T^2\text{以上})\}\times\{1+(\sum_{\rho}\kappa(1,\rho)\mathrm{tr}(\rho))T+(T^2\text{以上})\}\\&=1+h_2'T^2+\cdots\end{aligned}$$

となる．よって，

$$h_2'=\sum_{\rho\in\hat{G}}c'(2,\rho)\mathrm{tr}(\rho)$$

として

$$\kappa(2,\rho)=-c'(2,\rho)$$

とおけば

$$H(T)\prod_{\rho}\det(1-\rho T)^{-\kappa(1,\rho)}\det(1-\rho T^2)^{-\kappa(2,\rho)}=1+h_3'' T^3+\cdots$$

となる．これを繰り返せば $\kappa(n,\rho)$ が定まり

$$H(T)=\prod_{n=1}^{\infty}\prod_{\rho\in\hat{G}}\det(1-\rho T^n)^{\kappa(n,\rho)}\quad(\kappa(n,\rho)\in\mathbb{Z})$$

となることがわかる．等号は $1+T\cdot R(G)[[T]]$（これを大ヴィット環 $W(R(G))$ と呼ぶ；ただし通常の積は「和」となりある種のテンソル積が「積」にあたる）におけるものである．

さらに $\kappa(n,\rho)$ の一意性を見るには

$$\begin{cases}H(T)=\prod_{n=1}^{\infty}\prod_{\rho}\det(1-\rho T^n)^{\kappa(n,\rho)}\\ H(T)=\prod_{n=1}^{\infty}\prod_{\rho}\det(1-\rho T^n)^{\kappa'(n,\rho)}\end{cases}$$

としたとき $\kappa(n,\rho)=\kappa'(n,\rho)$ が成り立つことを示せばよいが，$\bmod T^2$ で見ることにより

$$\begin{cases}H(T)\equiv\prod_{\rho}\det(1-\rho T)^{\kappa(1,\rho)}\\ \qquad\equiv 1-(\sum_{\rho}\kappa(1,\rho)\operatorname{tr}(\rho))\,T\\ H(T)\equiv\prod_{\rho}\det(1-\rho T)^{\kappa'(1,\rho)}\\ \qquad\equiv 1-(\sum_{\rho}\kappa'(1,\rho)\operatorname{tr}(\rho))\,T\end{cases}$$

から

$$1-(\sum_{\rho}\kappa(1,\rho)\operatorname{tr}(\rho))\,T\equiv 1-(\sum_{\rho}\kappa'(1,\rho)\operatorname{tr}(\rho))\,T$$

となるので，

$$\sum_{\rho}\kappa(1,\rho)\operatorname{tr}(\rho)=\sum_{\rho}\kappa'(1,\rho)\operatorname{tr}(\rho)$$

となり，$\kappa(1,\rho)=\kappa'(1,\rho)$ が成立することがわかる．すると，等式

$$\prod_{n=2}^{\infty}\prod_{\rho}\det(1-\rho T^n)^{\kappa(n,\rho)}=\prod_{n=2}^{\infty}\prod_{\rho}\det(1-\rho T^n)^{\kappa'(n,\rho)}$$

が得られ，これを mod T^3 で見ることにより $\kappa(2,\rho)=\kappa'(2,\rho)$ を得る．このように繰り返せば $\kappa(n,\rho)=\kappa'(n,\rho)$ とわかる．したがって，$\kappa(n,\rho)$ の一意性がわかった．

有限型と無限型の判別量として $\gamma(H)$ を導入する．いま，

$$H(T)=1+h_1T+\cdots+h_rT^r \quad (h_r\neq 0)$$

として，各 $g\in G$ を係数に代入した多項式

$$H_g(T)=1+h_1(g)T+\cdots+h_r(g)T^r\in 1+T\mathbb{C}[T]$$

を

$$H_g(T)=(1-\gamma_1(g)T)\cdots(1-\gamma_r(g)T)$$

と分解して

$$\gamma(g)=\max\{|\gamma_1(g)|,\cdots,|\gamma_r(g)|\}$$

と置き

$$\begin{aligned}\gamma(H)&=\max\{\gamma(g)\,|\,g\in G\}\\&=\max\{|\gamma_j(g)|\,|_{g\in G}^{j=1,\cdots,r}\}\end{aligned}$$

と定める．ただし，$H(T)=1$ に対しては $\gamma(H)=1$ とする．

有限型と無限型は $\gamma(H)$ で判別できる．

定理B

(1)　$\gamma(H)\geqq 1$ である．

(2)　H が有限型 $\Longleftrightarrow\gamma(H)=1$.

(3)　H が無限型 $\Longleftrightarrow\gamma(H)>1$.

その証明をいくつかの練習問題にしておこう．

5.5　練習問題

練習問題 1

$h \in R(G)$ に対して，次は同値であることを示せ．

(1)　すべての $g \in G$ に対して $|h(g)| = 1$.

(2)　$h = \pm\chi$, $\chi \in \mathrm{Hom}(G, U(1))$.

解答　$h = \sum_{\rho} c(\rho)\mathrm{tr}(\rho)$ $(c(\rho) \in \mathbb{Z})$ とする．$g \in G$ に対して $h(g) = \sum_{\rho} c(\rho)\mathrm{tr}(\rho(g))$ である．正規化されたハール測度 dg によって，直交関係式から

$$\int_G |h(g)|^2 dg = \sum_{\rho} c(\rho)^2$$

となる．なお，G は有限群としているので具体的には

$$\int_G |h(g)|^2 dg = \frac{1}{|G|} \sum_{g \in G} |h(g)|^2$$

である．

(1) ⇒ (2)：すべての $g \in G$ に対して $|h(g)| = 1$ とすると $\sum_{\rho} c(\rho)^2 = 1$ となるので，$c(\rho) \in \mathbb{Z}$ に気を付けると，$h = \pm\mathrm{tr}(\rho)$ となる．このとき，$h(1) = \pm\deg(\rho)$ であるから $\deg(\rho) = 1$ がわかり

$$\rho = \chi \in \mathrm{Hom}(G, U(1))$$

となる．

(2) ⇒ (1)：$|h(g)| = |\chi(g)| = 1$.　**(解答終)**

練習問題 2　$\gamma(H) \geqq 1$ を示せ．

解答　$H(T) = 1 + h_1 T + \cdots + h_r T^r$, $h_r \neq 0$ とする．$g \in G$ に対

して

$$H_g(T)=1+h_1(g)T+\cdots+h_r(g)T^r$$
$$=(1-\gamma_1(g)T)\cdots(1-\gamma_r(g)T)$$

より $h_r(g)=(-1)^r\gamma_1(g)\cdots\gamma_r(g)$ である．したがって

$$|h_r(g)|=|\gamma_1(g)|\cdots|\gamma_r(g)|\leqq\gamma(g)^r\leqq\gamma(H)^r$$

が成立する．よって，$\gamma(H)<1$ だったと仮定すると，すべての $g\in G$ に対して $|h_r(g)|<1$ となる．すると

$$h_r(g)=\sum_{\rho}c(\rho)\mathrm{tr}(\rho(g))$$

として練習問題1と同じ計算より

$$\sum_{\rho}c(\rho)^2=\int_G|h_r(g)|^2dg<1$$

となるので $c(\rho)=0$ $(\rho\in\hat{G})$ であり，$h_r\neq0$ に矛盾する．したがって，$\gamma(H)\geqq1$ である．　**（解答終）**

練習問題3

$m=1,2,3,\cdots$ に対して

$$s_m(g)=\gamma_1(g)^m+\cdots+\gamma_r(g)^m\ (g\in G)$$

とおき，$n=1,2,3,\cdots$ に対して

$$t_n(g)=\sum_{\rho\in\hat{G}}n\kappa(n,\rho)\mathrm{tr}(\rho(g))$$

とおく．次の等式を示せ．

(1)　$s_m(g)=\sum_{n|m}t_n(g^{\frac{m}{n}})$.

(2)　$t_n(g)=\sum_{m|n}\mu\left(\frac{n}{m}\right)s_m(g^{\frac{n}{m}})$.

解答

(1)　$H_g(T)=(1-\gamma_1(g)T)\cdots(1-\gamma_r(g)T)$

の対数をとると

$$\log H_g(T) = -\sum_{m=1}^{\infty} \frac{\gamma_1(g)^m + \cdots + \gamma_r(g)^m}{m} T^m$$
$$= -\sum_{m=1}^{\infty} \frac{s_m(g)}{m} T^m$$

となる．また，

$$H_g(T) = \prod_{n=1}^{\infty} \prod_{\rho \in \hat{G}} \det(1-\rho(g)T^n)^{\kappa(n,\rho)}$$

の対数をとると

$$\log H_g(T) = -\sum_{n=1}^{\infty} \sum_{\rho \in \hat{G}} \sum_{m=1}^{\infty} \frac{1}{m} \kappa(n,\rho) \mathrm{tr}(\rho(g^m)) T^{nm}$$
$$= -\sum_{m=1}^{\infty} \frac{1}{m} \left(\sum_{n|m} \sum_{\rho \in \hat{G}} n\kappa(n,\rho) \mathrm{tr}(\rho(g^{\frac{m}{n}})) \right) T^m$$
$$= -\sum_{m=1}^{\infty} \frac{1}{m} \left(\sum_{n|m} t_n(g^{\frac{m}{n}}) \right) T^m$$

となる．ただし，中央の等式の際には nm を改めて m に書き直している．なお

$$\log\det(1-\rho(g)u) = -\sum_{m=1}^{\infty} \frac{1}{m} \mathrm{tr}(\rho(g^m)) u^m$$

を使った．

したがって，$\log H_g(T)$ の T^m の係数を比較して等式

$$s_m(g) = \sum_{n|m} t_n(g^{\frac{m}{n}})$$

を得る．

(2) (1) で示された等式

$$s_m(g) = \sum_{n|m} t_n(g^{\frac{m}{n}})$$

から

$$t_n(g) = \sum_{m|n} \mu\left(\frac{n}{m}\right) s_m(g^{\frac{n}{m}})$$

が導かれる．これは，拡張されたメビウス反転公式である

が，確認しておこう．まず，

$$s_m(g)=\sum_{\ell|m} t_\ell(g^{\frac{m}{\ell}})$$

と書き直しておくと

$$\sum_{m|n}\mu\left(\frac{n}{m}\right)s_m(g^{\frac{n}{m}})=\sum_{m|n}\mu\left(\frac{n}{m}\right)\sum_{\ell|m}t_\ell(g^{\frac{n}{\ell}})$$
$$=\sum_{\ell|m|n}\mu\left(\frac{n}{m}\right)t_\ell(g^{\frac{n}{\ell}})$$

であるから，右辺が $t_n(g)$ になることをみればよい．

そこで，$n=\ell n'$, $m=\ell m'$ とおくと，ℓ（n の約数）を固定するごとに

$$\sum_{m|n}\mu\left(\frac{n}{m}\right)t_\ell(g^{\frac{n}{\ell}})=\left(\sum_{m'|n'}\mu\left(\frac{n'}{m'}\right)\right)t_\ell(g^{n'})$$
$$=\begin{cases}t_\ell(g)\cdots n'=1\ (\Leftrightarrow \ell=n)\\ 0\quad\cdots n'>1\end{cases}$$

となるので，

$$\sum_{\ell|m|n}\mu\left(\frac{n}{m}\right)t_\ell(g^{\frac{n}{\ell}})=t_n(g)$$

となって，示された．　　　　　　　　　　　　　　**（解答終）**

練習問題 4

次は同値であることを示せ．

(1)　H は有限型．

(2)　$|\gamma_j(g)|=1\quad(j=1,\cdots,r)$.

(3)　$\gamma(H)=1$.

解答

(1) ⇒ (2)：$H(T)=\prod_{n=1}^{N}\prod_{\rho\in\hat{G}}\det(1-\rho T^n)^{\kappa(n,\rho)}$

とすると，$g\in G$ に対して

$$H_g(T)=\prod_{n=1}^{N}\prod_{\rho\in\hat{G}}\det(1-\rho(g)T^n)^{\kappa(n,\rho)}$$

となる．よって，

$$H_g(T)=(1-\gamma_1(g)T)\cdots(1-\gamma_r(g)T)$$

よりの等式

$$H_g(\gamma_j(g)^{-1})=0\quad(j=1,\cdots,r)$$

から

$$\det(1-\rho(g)\gamma_j(g)^{-n})=0$$

となる n が存在すること（そのとき $\kappa(n,\rho)>0$ となっていることが必要）がわかる．ここで，行列 $\rho(g)$ の固有値の絶対値は 1 である（有限群の既約表現はすべてユニタリ表現と同値）から

$$|\gamma_j(g)|=1\quad(j=1,\cdots,r)$$

がわかる．

(2) ⇒ (3)：

$$\gamma(H)=\max\{|\gamma_j(g)|\,|_{g\in G}^{j=1,\cdots,r}\}$$

であるから $\gamma(H)=1$ が成立する．

(3) ⇒ (1)：練習問題 3 より

$$t_n(g)=\sum_{m|n}\mu\left(\frac{n}{m}\right)s_m(g^{\frac{n}{m}})$$

である．ここで，

$$t_n(g)=\sum_{\rho\in\hat{G}}n\kappa(n,\rho)\mathrm{tr}(\rho(g)),$$
$$s_m(g)=\gamma_1(g)^m+\cdots+\gamma_r(g)^m$$

である．したがって，

$$|t_n(g)|\leqq\sum_{m|n}|s_m(g^{\frac{n}{m}})|\leqq r\cdot d(n)\gamma(H)^n$$

がわかる．ただし，$d(n)$ は n の約数の個数であり，不等式

$$|s_m(g)| \leqq |\gamma_1(g)|^m + \cdots + |\gamma_r(g)|^m \leqq r \cdot \gamma(H)^m \leqq r \cdot \gamma(H)^n$$

を使った．最後の不等式では $\gamma(H) \geqq 1$ を用いている．よって，

$$\int_G |t_n(g)|^2 dg \leqq r^2 \cdot d(n)^2 \gamma(H)^{2n}$$

が成立する．ここで，左辺を練習問題１の計算と同じに求めると不等式

$$\sum_{\rho \in \hat{G}} (n\kappa(n, \rho))^2 \leqq r^2 \cdot d(n)^2 \gamma(H)^{2n}$$

がわかる．とくに，

$$|n\kappa(n, \rho)| \leqq r \cdot d(n) \gamma(H)^n$$

が成立する．よって，

$$|\kappa(n, \rho)| \leqq r \cdot \frac{d(n)}{n} \gamma(H)^n$$

となる．したがって，$\gamma(H) = 1$ のときは不等式

$$|\kappa(n, \rho)| \leqq r \cdot \frac{d(n)}{n} \quad (\rho \in \hat{G})$$

を得る．ここで，初等的な事実

$$\lim_{n \to \infty} \frac{d(n)}{n} = 0$$

を使うと，$n > N$ なら $\frac{d(n)}{n} < \frac{1}{r}$ となる N が存在する．すると，$n > N$ のとき

$$|\kappa(n, \rho)| < 1 \quad (\rho \in \hat{G})$$

となる．ところが，$\kappa(n, \rho) \in \mathbb{Z}$ であるから，$n > N$ のとき

$$\kappa(n, \rho) = 0 \quad (\rho \in \hat{G})$$

がわかる．よって，

$$H(T) = \prod_{n=1}^{N} \prod_{\rho \in \hat{G}} \det(1 - \rho T^n)^{\kappa(n, \rho)}$$

となり，H は有限型である．　**（解答終）**

練習問題 1, 2, 3, 4 から定理 B（5.4 節）は明らかとなる．実際，$\gamma(H) \geqq 1$ は練習問題 2 で示されていて，

$$\gamma(H)=1 \Longleftrightarrow H \text{ は有限型}$$

は練習問題 4 で示された．したがって，同時に

$$\gamma(H)>1 \Longleftrightarrow H \text{ は無限型}$$

もわかる．

見事なアイディアは $G=\{1\}$ の場合を扱ったエスターマン（1928 年）のものである．古い論文も読んでみると得るところが大きいものである．

第6章

有限型オイラー積

オイラー基盤 $E=(P,G,\alpha)$ から作られるオイラー積

$$Z(s,E,H)=\prod_{p\in P} Z_p(s,E,H)$$

に関して，有限型と無限型の分類の話をしてきた．ここからは有限型の場合に重点を置いて，オイラー因子による判定法（局所リーマン予想）を解説しよう．

オイラー因子による判定には $\{\alpha(p)\,|\,p\in P\}$ の $\mathrm{Conj}(G)$ における密度定理が必要となる．すなわち，素数が密にならなければオイラー積原理が成立しないのであり，密の重要性が良くわかる．簡単のため，有限ガロア群 $G=\mathrm{Gal}(K/\mathbb{Q})$ の場合を主に扱うが，一般の位相群 G の場合に拡張可能である．一般の場合は，G のボーアコンパクト化を用いることによりコンパクト位相群に帰着することもできる．道はいろいろある．

6.1　有限型と無限型

第5章の定理 A* の証明を徐々にして行こう．オイラー基盤 $E=(P,G,\alpha)$ は，有限次ガロア拡大体 $K/\mathbb{Q}$ に対して

$$P=\{p \mid p \text{ は } K/\mathbb{Q} \text{ で不分岐な素数}\},$$

$$G=\mathrm{Gal}(K/\mathbb{Q}) \text{ ガロア群},$$

$$\begin{array}{ccccl} \alpha=\mathrm{Frob}: & P & \longrightarrow & \mathrm{Conj}(G) & \text{フロベニウス共役類写像} \\ & \Uparrow & & \Uparrow & \\ & p & \longmapsto & \mathrm{Frob}_p & \end{array}$$

としたものである.

このとき，考えるオイラー積 $Z(s,E,H)$ は多項式

$$H(T)\in 1+T\cdot R(G)[T]$$

から

$$Z(s,E,H)=\prod_{p\in P} Z_p(s,E,H),$$

$$Z_p(s,E,H)=H_{\alpha(p)}(p^{-s})^{-1}$$

と定まる．ただし，

$$H_{\alpha(p)}(T)\in 1+T\mathbb{C}[T]$$

は $H(T)$ の係数に $\alpha(p)$ を代入して得られる多項式である.

定理 A* とは次の通り：

定理 A*

(1) H が有限型 $\Longleftrightarrow Z(s,E,H)$ は $s\in\mathbb{C}$ 全体に有理型関数として解析接続可能である.

(2) H が有限型 $\Longleftrightarrow$ すべての $p\in P$ に対して $Z_p(s,E,H)$ はリーマン予想をみたす.

(3) H が無限型 $\Longleftrightarrow Z(s,E,H)$ は $\mathrm{Re}(s)>0$ に有理型関数として解析接続可能であり自然境界 $\mathrm{Re}(s)=0$ をもつ.

有限型と無限型の区別を思い出しておこう．それは，表示

$$H(T)=\prod_{n=1}^{\infty}\prod_{\rho\in\hat{G}} \det(1-\rho T^n)^{\kappa(n,\rho)} \quad (\kappa(n,\rho)\in\mathbb{Z})$$

が実質的に有限積──有限個の(n,ρ)を除いて$\kappa(n,\rho)=0$となる──のときに有限型，そうでないときに無限型と呼ぶのであった．つまり，有限型とは

$$H(T)=\prod_{n=1}^{N}\prod_{\rho\in\hat{G}}\det(1-\rho T^n)^{\kappa(n,\rho)}$$

となるNが存在することと同じである．オイラー積で書けば

$$Z(s,E,H)=\prod_{n=1}^{N}\prod_{\rho\in\hat{G}}Z(ns,E,\rho)^{\kappa(n,\rho)}$$

となるときが有限型オイラー積である．ただし，

$$Z(s,E,\rho)=\prod_{p\in P}\det(1-\rho(\alpha(p))p^{-s})^{-1}$$

である．

定理 A* の証明は

（1）⇒，　（2）⇔，　（3）⇒

を示せば良い．ここでは（1）⇒と（2）⇔を見よう．しばらくあとで（3）⇒を示すことにするが，そこではゼータ関数の零点と極の話（リーマン予想にも関係する）が重要となる．

6.2　有限型オイラー積

有限型オイラー積

$$Z(s,E,H)=\prod_{n=1}^{N}\prod_{\rho\in\hat{G}}Z(ns,E,\rho)^{\kappa(n,\rho)}$$

が$s\in\mathbb{C}$全体で有理型関数となることは，各$Z(s,E,\rho)$がそうなることから従う．今の場合は，各$Z(s,E,\rho)$は（高々有限個のオイラー因子を除いて）アルティンL関数であり，それが有理型であることはブラウアーの定理（1947年）である．これで，定理 A* の（1）⇒が言えた．

ブラウアーの定理について詳しくは

黒川信重『ガロア理論と表現論　―ゼータ関数への出発』日本評論社，2014年

を読まれたい．ブラウアーの定理の証明法は，$Z(s,E,\rho)$の有理型性を有限群の誘導表現論によって$K/\mathbb{Q}$の中間体のヘッケL関数（「$GL(1)$の保型表現」＝「量指標」に対応）たちの有理型性に帰着させるものである．ちなみに，$Z(s,E,\rho)$の正則性はアルティン予想と呼ばれる有名な未解決問題であり，現在までのところ，$Z(s,E,\rho)$を保型表現のL関数として表示するというラングランズ予想（1970年提出）の方法が有力な証明方法と期待されているが，極めて特別な場合にしか達成されていない．

6.3　有限型判定法

定理A*の(2)⇔を見るには，第5章で証明した事実

H：有限型⇔すべての$g\in G$に対して

$|\gamma_1(g)|=\cdots=|\gamma_r(g)|=1$

を用いる．ただし，

$$H_g(T)=(1-\gamma_1(g)T)\cdots(1-\gamma_r(g)T)$$

と分解している．

一方，オイラー因子

$$Z_p(s,E,H)=H_{\alpha(p)}(p^{-s})^{-1}$$

に対するリーマン予想とは

$$Z_p(s,E,H)=\infty\Rightarrow \mathrm{Re}(s)=0$$

が成立すること（極はすべて虚軸上）であり，等式

$$|\gamma_1(\alpha(p))|=\cdots=|\gamma_r(\alpha(p))|=1$$

と一致する．実際，

$$H_{\alpha(p)}(p^{-s})=(1-\gamma_1(\alpha(p))p^{-s})\cdots(1-\gamma_r(\alpha(p))p^{-s})$$

と書いておけば，リーマン予想

$$H_{\alpha(p)}(p^{-s})=0 \Rightarrow \mathrm{Re}(s)=0$$

は

$$p^{s}=\gamma_j(\alpha(p)) \Rightarrow \mathrm{Re}(s)=0$$

という条件と同じであり，絶対値を見ることによって

$$p^{\mathrm{Re}(s)}=|\gamma_j(\alpha(p))|=1$$

に他ならない．

　したがって，定理 A* の（2）$\Leftrightarrow$ は等式

$$\{\alpha(p) \mid p \in P\}=\mathrm{Conj}(G)$$

つまり α の全射性から従う．この等式が成立すれば

$$\{H_{\alpha(p)}(T) \mid p \in P\}=\{H_g(T) \mid g \in G\}$$

となるため

$$|\gamma_1(\alpha(p))|=\cdots=|\gamma_r(\alpha(p))|=1 \text{（すべての } p \in P\text{）}$$

と

$$|\gamma_1(g)|=\cdots=|\gamma_r(g)|=1 \text{（すべての } g \in G\text{）}$$

が同値となるのである．

　このようにして

$$\{\alpha(p) \mid p \in P\}=\mathrm{Conj}(G)$$

を示せば良いことがわかった．それを示すための鍵となるのが，次の節で解説する密度定理（Density Theorem）である．

　なお，G が無限群のときは上記の等号は期待できない（左辺は可算集合であり，右辺は一般には非可算集合である）ので，

$$\{\alpha(p) \mid p \in P\} \subset \mathrm{Conj}(G)$$

において，‘左辺は右辺内で稠密（dense）である’という形に定式化して証明することが必要になることに注意しておこう．

6.4　密度定理

　$G=\mathrm{Gal}(K/\mathbb{Q})$ に対する密度定理（チェボタレフの密度定理）

とは次の形である．

密度定理　$c \in \mathrm{Conj}(G)$ に対して

$$\lim_{x\to\infty}\frac{|\{p \leqq x \mid \alpha(p)=c\}|}{\pi(x)}=\frac{|c|}{|G|}.$$

つまり，$\alpha(p)=c$ となる素数 p の密度は $|c|/|G|$ になるというものであり，この右辺の密度は G の正規化されたハール測度から $\mathrm{Conj}(G)$ に誘導された測度による密度となっている（$\mathrm{Conj}(G)$ は G を内部自己同型群の作用で割った商空間である）．ただし，素数定理は組み込んでおく．

さて，$G=\mathrm{Gal}(K/\mathbb{Q})$ のときの密度定理から，各共役類 $c \in \mathrm{Conj}(G)$ に対して $\alpha(p)=c$ となる素数 p は（無限個）存在することがわかる．したがって

$$\{\alpha(p) \mid p \in P\}=\mathrm{Conj}(G)$$

も成立している．よって，定理 A* の（2）⇔ が成り立つことがわかった．

ちなみに，ラマヌジャン保型形式 Δ に対する密度定理の場合は，G はコンパクト位相群 $SU(2)$ であり，佐藤テイト予想（1963 年提出）と呼ばれたものである．

佐藤テイト予想　（2011 年証明出版）

$0 \leqq \alpha < \beta \leqq \pi$ に対して

$$\lim_{x\to\infty}\frac{|\{p \leqq x \mid \alpha \leqq \theta(p) \leqq \beta\}|}{\pi(x)}=\int_{\alpha}^{\beta}\frac{2}{\pi}\sin^2(\theta)d\theta.$$

この場合には $G=SU(2)$ に対して

$$\begin{array}{ccc} \mathrm{Conj}(G) & = & [0,\pi] \\ \Cup & & \Cup \\ \left[\begin{pmatrix} e^{i\theta} & 0 \\ 0 & e^{-i\theta} \end{pmatrix}\right] & \longleftarrow & \theta \end{array}$$

という同一視を行っていて,

$$\Delta = q\prod_{n=1}^{\infty}(1-q^n)^{24} = \sum_{n=1}^{\infty}\tau(n)q^n$$

とフーリエ展開したとき

$$\tau(p) = 2p^{\frac{11}{2}}\cos(\theta(p))$$

と表示している.

6.5　密度定理とディリクレの素数定理

円分体 $K=\mathbb{Q}(\mu_N)$に対する密度定理はディリクレの素数定理となることを確認しておこう.

練習問題 1

ディリクレの素数定理とは, $(a,N)=1$ のとき

$$\lim_{x\to\infty}\frac{|\{p\leqq x \mid p\equiv a \bmod N\}|}{\pi(x)} = \frac{1}{\varphi(N)}$$

が成り立つことである.
これは $G=\mathrm{Gal}\,(\mathbb{Q}(\mu_N)/\mathbb{Q})$ の場合の密度定理と同値であることを示せ.

解答

$$G=\mathrm{Gal}\,(\mathbb{Q}(\mu_N)/\mathbb{Q}) \cong (\mathbb{Z}/(N))^{\times}$$

であり，この対応で

$$\begin{array}{ccc} \alpha : P & \longrightarrow & \mathrm{Conj}(G) = G \cong (\mathbb{Z}/(N))^{\times} \\ \Psi & & \Psi \\ p & \longmapsto & [p \bmod N] \end{array}$$

である．ここで，$c=[a \bmod N]$ と取ると（共役類を尽している）

$$\alpha(p) = c \iff p \equiv a \bmod N$$

であり，$|c|=1$, $|G|=\varphi(N)$ である．したがって，密度定理

$$\lim_{x\to\infty} \frac{|\{p \leqq x \mid \alpha(p)=c\}|}{\pi(x)} = \frac{|c|}{|G|}$$

はディリクレの素数定理

$$\lim_{x\to\infty} \frac{|\{p \leqq x \mid p \equiv a \bmod N\}|}{\pi(x)} = \frac{1}{\varphi(N)}$$

と同値である．　**（解答終）**

6.6　密度定理の証明方法

密度定理の証明方法の詳細については既出の『ガロア理論と表現論』を読まれたいが，基本的なアイディアは簡明であり，しかも必要となるオイラー積の性質（あるいはその改良版）はこれからも重要となるので説明しておこう．

密度定理はゼータ関数族

$$\{Z(s, E, \rho) \mid \rho \in \hat{G}\}$$

に関する性質（1）（2）から導き出される：

（1）$\rho \neq \mathbb{1}$ のとき $Z(s, E, \rho)$ は $\mathrm{Re}(s) \geqq 1$ において正則であり零点を持たない，

（2）$\rho = \mathbb{1}$ のとき $Z(s, E, \rho)$ は $\mathrm{Re}(s) \geqq 1$ において $s=1$ における1位の極を除いて正則であり零点を持たない．

このうち（2）は Z（$s, E, \mathbb{1}$）が基本的に（高々有限個のオイラ

ー因子を除いて）リーマンゼータ関数なので良く知られている．それは，素数定理（自明群の場合の密度定理）

$$\pi(x) \sim \frac{x}{\log x} \quad (x \to \infty)$$

の証明において使われる「リーマンゼータ関数 $\zeta_{\mathbb{Z}}(s)$ は $\mathrm{Re}(s) \geqq 1$ において $s=1$ における 1 位の極を除いて正則であり零点を持たない」という事実に他ならない．

したがって，一般の密度定理の証明において重要なことは性質 (1) を示すことである．いま扱っている

$$E = (P, \mathrm{Gal}(K/\mathbb{Q}), \mathrm{Frob})$$

という場合は，$Z(s, E, \rho)$ はアルティン L 関数であり，(1) を示すことはブラウアー（1947 年）によって誘導表現論を用いて成された．

6.7 有限型から無限型へ

ここまでの話を簡単にまとめておこう．オイラー基盤

$$E = (P, \mathrm{Gal}(K/\mathbb{Q}), \mathrm{Frob})$$

の場合のオイラー積 $Z(s, E, H)$ に関しては，H が有限型のときの話はひととおり完了し，H が無限型のときに $Z(s, E, H)$ の性質

(1) $\mathrm{Re}(s) > 0$ において有理型，

(2) $\mathrm{Re}(s) = 0$ は自然境界

を示すことが残っている．このうち (1) はあまり難しくないのであるが，(2) はゼータ関数の零点・極の話が必須となり手数がかかる．一般にはリーマン予想を仮定すると議論を多少は簡単にすることができることもあるが，仮定なしにするには（リーマン予想を証明するにしても）ゼータ関数の零点・極の分布や素数の密度定理を細かく使うことになり長い話になってしまう．もちろん，長い話は楽しいことも多い．

6.8 円分多項式

第 4 章 4.4 節にて注意しておいた事実の証明を見ておこう．そのために円分多項式を思い出しておく．定義は

$$\begin{aligned}\Phi_n(T) &= \prod_{\mathrm{ord}(\alpha)=n} (T-\alpha)\\ &= \prod_{\substack{k=1\\(k,n)=1}}^{n} \left(T-\exp\left(\frac{2\pi\sqrt{-1}\,k}{n}\right)\right)\end{aligned}$$

である．ここで，$\alpha\in\mathbb{C}^\times$ は位数 n の元（つまり，1 の原始 n 乗根）全体を動く．$\Phi_n(T)$ は次数 $\varphi(n)$ の多項式（$\varphi(n)$ はオイラー関数）であり

$$\begin{aligned}\Phi_1(T) &= T-1,\\ \Phi_2(T) &= T+1,\\ \Phi_3(T) &= T^2+T+1,\\ \Phi_4(T) &= T^2+1,\\ \Phi_5(T) &= T^4+T^3+T^2+T+1,\\ \Phi_6(T) &= T^2-T+1,\\ \Phi_7(T) &= T^6+T^5+T^4+T^3+T^2+T+1,\\ \Phi_8(T) &= T^4+1,\\ \Phi_9(T) &= T^6+T^3+1,\\ \Phi_{10}(T) &= T^4-T^3+T^2-T+1\end{aligned}$$

のように計算できて，$\Phi_n(T)\in\mathbb{Z}[T]$ である．帰納的には関係式

$$\prod_{m\mid n}\Phi_m(T)=T^n-1$$

が使いやすい．とくに，等式

$$\Phi_n(T)=\frac{T^n-1}{\prod_{\substack{m\mid n\\ m\neq n}}\Phi_m(T)}$$

は計算に便利である．メビウス変換を行えば

$$\Phi_n(T)=\prod_{m\mid n}(T^m-1)^{\mu(\frac{n}{m})}$$

ともなる．

今の場面では定数項が 1 となる多項式を考えているので，“円分多項式” として $1+T\mathbb{Z}[T]$ の元となる

$$\begin{aligned}\Phi_n^*(T) &= T^{\varphi(n)}\Phi_n(T^{-1}) \\ &= \prod_{\mathrm{ord}(\alpha)=n}(1-\alpha T) \\ &= \prod_{m\mid n}(1-T^m)^{\mu(\frac{n}{m})} \\ &= \Phi_n(T)\times\begin{cases}-1 \cdots n=1, \\ 1 \cdots n>1\end{cases}\end{aligned}$$

を使うと良い．上記の表示

$$\Phi_n^*(T)=\prod_{m\mid n}(1-T^m)^{\mu(\frac{n}{m})}$$

からわかる通り，$\Phi_n^*(T)\in 1+T\mathbb{Z}[T]$ は有限型であり，$\gamma(\Phi_n^*)=1$ である．

次の練習問題は $1+T\mathbb{Z}[T]$ の有限型の元は（実質的に）円分多項式の有限積であることを示している．

練習問題 2

$H(T)\in 1+T\mathbb{Z}[T]$ に対して次は同値であることを示せ．

(1) $H(T)$ は有限型.

(2) $H(T)=\prod_{\alpha}(1-\alpha T)$ において $|\alpha|=1$.

(3) $\gamma(H)=1$.

(4) $H(T)$ は円分多項式 $\Phi_n^*(T)$ の有限個の積である．

解 答

(1)⇔(2)⇔(3)は済んでいる．ここでは (1)⇔(4)を示す．

(1)⇒(4)：$H(T)$ を有限型

$$H(T)=\prod_{n=1}^{N}(1-T^n)^{\kappa(n)} \quad (\kappa(n)\in\mathbb{Z})$$

とすると

$$1-T^n=\prod_{m|n}\Phi_m^*(T)$$

より

$$H(T)=\prod_{n=1}^{N}\Phi_n^*(T)^{a(n)}\quad(a(n)\in\mathbb{Z})$$

となる．両辺で $T=\alpha\,(\mathrm{ord}(\alpha)=n)$ における値を見ると $a(n)\geqq 0$ がわかる：もし，$a(n)<0$ だったとすると左辺は有限，右辺は無限となってしまう．よって，$H(T)$ は円分多項式 $\Phi_n^*(T)$ の有限個の積である．

$(4)\Rightarrow(1)$： $H(T)=\prod_{n=1}^{N}\Phi_n^*(T)^{a(n)}\quad(a(n)\in\mathbb{Z}_{\geq 0})$

とすると

$$\Phi_n^*(T)=\prod_{m|n}(1-T^m)^{\mu(\frac{n}{m})}$$

を代入することにより

$$H(T)=\prod_{n=1}^{N}(1-T^n)^{\kappa(n)}\quad(\kappa(n)\in\mathbb{Z})$$

となり，$H(T)$ は有限型である．　**（解答終）**

この問題では，$\Phi_n(T)$ が既約多項式であることを使う証明なども可能である．いろいろな方法を工夫すると面白いテーマである．余裕があれば $1+T\cdot R(G)[T]$ に対しても“円分多項式”の類似物が存在するか否かを研究されたい．

6.9　一般の位相群の場合

これまでは有限群 G の場合を主に考えてきたが，一般の位相群 G を扱うことを説明しよう．まずは，コンパクト位相群 G の場合へと第5章の議論を拡張しておこう．

コンパクト位相群 G に対して，$\hat{G}$ をユニタリ双対（G の既約ユニタリ表現の同値類全体；必然的にすべて有限次元表現となる）とし，表現環（仮想指標環）を

$$R(G)=\left\{\sum_{\rho\in\hat{G}} c(\rho)\mathrm{tr}(\rho) \,\middle|\, \begin{array}{c} c(\rho)\in\mathbb{Z}, \\ \text{有限個を除いて}0 \end{array}\right\}$$

とする．多項式 $H(T)\in 1+T\cdot R(G)[T]$ に関する基本性質は次の 2 つである．

定理1

(1) $H(T)=\prod_{n=1}^{\infty}\prod_{\rho\in\hat{G}}\det(1-\rho T^{n})^{\kappa(n,\rho)}$

となる $\kappa(n,\rho)\in\mathbb{Z}$（各 n に対して $\kappa(n,\rho)\neq 0$ となる ρ は有限個）が定まる．ただし，等号は $1+T\cdot R(G)[[T]]$（乗法群あるいは大ヴィット環 $W(R(G))$）で考える．

(2) $H(T)$ の係数に $g\in G$ を代入したものを

$$H_g(T)\in 1+T\cdot\mathbb{C}[T]$$

と書いたとき

$$H_g(T)=(1-\gamma_1(g)T)\cdots(1-\gamma_r(g)T)$$

となる連続関数 $\gamma_j:G\longrightarrow\mathbb{C}$ が存在する．

(3) $\gamma(g)=\max\{|\gamma_1(g)|,\cdots,|\gamma_r(g)|\}$，$\gamma(H)=\max\{\gamma(g)\mid g\in G\}$ とおくと $1\leqq\gamma(H)<\infty$ である．

(4) 定数 $c(1),c(2)\geqq 0$ が存在して，すべての n に対して不等式

$$\sum_{\kappa(n,\rho)\neq 0}\deg(\rho)\leqq c(1)n^{c(2)}$$

が成立する．

定理2　(コンパクト) 位相群 G の場合に，次は同値である．

(1)　$\gamma(H)=1$.

(2)　$|\gamma_j(g)|=1$ がすべての $g\in G$ と $j=1,\cdots,r$ に対して成立する．

(3)　$$H(T)=\prod_{n=1}^{N}\prod_{\rho\in\hat{G}}\det(1-\rho T^n)^{\kappa(n,\rho)}$$

となる $N\geqq 1$ が存在する（この積は実質的に有限積となる）．

どちらも第5章5.4節の証明を使えばよい．定理1について注意しておこう．γ_j が連続関数にとれることは逆関数定理であり，γ も連続関数となる．今は G がコンパクトであるから，$\gamma(g)$ は G 上で有限な最大値をとるので，$\gamma(H)<\infty$ である．特記すべきは定理1の (4) である．有限群 G の場合なら，各 n に対して

$$\sum_{\kappa(n,\rho)\neq 0}\deg(\rho)\leqq\sum_{\rho}\deg(\rho)\leqq\sum_{\rho}\deg(\rho)^2=|G|$$

となるので $c(1)=|G|$, $c(2)=0$ で成立している．一般の場合にはやや面倒な証明となるので，私の原論文 (Proc.London Math. Soc., 1986年) を読まれたい ($SU(2)$ の例は練習問題3参照)．なお，この不等式は無限型オイラー積 $Z(s,E,H)$ の解析性を扱うには必須となる．たとえば，オイラー因子にあたる表示

$$H_g(T)=\prod_{n=1}^{\infty}\prod_{\rho\in\hat{G}}\det(1-\rho(g)T^n)^{\kappa(n,\rho)}$$

が $T\in\mathbb{C}$ に対しては領域 $|T|<\gamma(H)^{-1}$ において絶対収束することを示すにも必要である．

さて，一般の位相群 G の場合を考えよう．このときは

$$\hat{G}=\{\text{ 有限次元既約ユニタリ表現の同値類全体 }\},$$

$$R(G)=\left\{\sum_{\rho\in\hat{G}} c(\rho)\mathrm{tr}(\rho)\ \middle|\ \begin{array}{l} c(\rho)\in\mathbb{Z}, \\ \text{有限個の } \rho \text{ を除いて } c(\rho)=0 \end{array}\right\}$$

とおき多項式

$$H(T)\in 1+T\cdot R(G)[T]$$

を考える．なお，ここの $\hat{G}$ は有限次元表現のみを扱っているので，通常の“ユニタリ双対”とは一般には異なっている．

こうしたとき，先に述べたコンパクト位相群 G の場合の定理1と定理2は，定理1の (3) において

$$\gamma(H)=\sup\{\gamma(g)\,|\,g\in G\}$$

とすることを除いて，まったく同じ形で成立する．ただし，証明は直接行うには，かなり変えなければならない．一般には (局所コンパクト群とも仮定していないので) 適当な“ハール測度”がないため「積分」としてはフォン・ノイマンの意味での「概周期関数に対する平均値」を用いる：

J.von Neumann “Almost periodic functions in a group (I)”［群の概周期関数 (I)］Trans.Amer.Math.Soc.**36** (1934) 445-492.

また，関数 γ は G 上の概周期関数となることがわかり $1\leqq\gamma(H)<\infty$ が証明される．詳しくは上にあげた私の原論文 (PLMS, 1986年) を熟読されたい．この論文では別の方法も説明してある．それは，一般の位相群 G に対してボーアコンパクト化 $K(G)$ を使うのである．この「ボーア」は物理学者ニルス・ボーアの弟であり数学者のハラル・ボーアが概周期関数論を創始したことから名付けられている．ボーアコンパクト化 (概周期コンパクト化とも呼ばれる) の具体的な構成法は上記の私の論文や

A.Weil "L' intégration dans les groupes topologiques et ses applications"［位相群上の積分とその応用］Hermann, Paris, 1941

を読まれたい．基本的な性質としては，$K(G)$ はコンパクト（ハウスドルフ）位相群であって，自然な準同型 $G \longrightarrow K(G)$（像は稠密であり，単射とは限らない）があり，G と $K(G)$ の有限次元（既約）ユニタリ表現は"同一視"できて環同型 $R(G) \cong R(K(G))$ を得る．同時に

$$\{G\text{ 上の概周期連続関数}\} = \{K(G)\text{ 上の連続関数}\}$$

という同一視ができる．このようにして，G の代わりにコンパクト位相群 $K(G)$ の話で基本的には済むことになる．

練習問題として $G=SU(2)$ での計算をやってみよう．ラマヌジャン Δ に対するオイラー基盤 $E=(P, SU(2), \alpha)$ において

$$H(T)=1+\mathrm{tr}(\mathrm{Sym}^1)T \in 1+T\cdot R(SU(2))[T]$$

としたとき

$$\sum_{n=1}^{\infty} a(n^3)n^{-s} = \frac{Z(s, E, \mathrm{Sym}^3)}{Z(s, E, \mathrm{Sym}^1)} \cdot Z(s, E, H)^{-1}$$

となる（第4章）．ただし，$a(n)=\tau(n)n^{-\frac{11}{2}}$ である．ここで，$Z(s, E, \mathrm{Sym}^1)$ と $Z(s, E, \mathrm{Sym}^3)$ は $s \in \mathbb{C}$ 全体での有理型関数に解析接続される（どちらも有限型オイラー積）．一方，$Z(s, E, H)$ は無限型オイラー積（$\gamma(H)=2$）であり $\mathrm{Re}(s)>0$ で有理型関数に解析接続されて $\mathrm{Re}(s)=0$ を自然境界に持つことになり，したがって，$\sum_{n=1}^{\infty} a(n^3)n^{-s}$ も全く同じ性質を持つ．

練習問題3

$$H(T)=1+\mathrm{tr}(\mathrm{Sym}^1)T\in 1+T\cdot R(SU(2))[T]$$

を考える．

(1) $H(T)=\prod_{n=1}^{\infty}\prod_{m=0}^{n}\det(1-\mathrm{Sym}^m T^n)^{\kappa(n,m)}$

と展開されることを示せ．

(2) 各 n に対して不等式 $\sum_{\kappa(n,m)\neq 0}\deg(\mathrm{Sym}^m)\leqq 3n^2$ を示せ．

解答

(1) $H(T)=\prod_{n=1}^{\infty}\prod_{m=0}^{\infty}\det(1-\mathrm{Sym}^m T^n)^{\kappa(n,m)}$

と展開したとき，各 n について $m>n$ なら $\kappa(n,m)=0$ となることを見ればよいが，$\kappa(n,m)$ は $n=1,2,3,\cdots$ について帰納的に決まって行くので簡単に確かめられる．たとえば，

$$\begin{aligned}H(T)&=\det(1-\mathrm{Sym}^1 T)^{-1}\det(1-\mathrm{Sym}^2 T^2)^1\\&\times\det(1-\mathrm{Sym}^1 T^3)^{-1}\det(1-\mathrm{Sym}^2 T^4)^1\\&\times\det(1-\mathrm{Sym}^1 T^5)^{-1}\det(1-\mathrm{Sym}^3 T^5)^{-1}\times\cdots\end{aligned}$$

となる．

(2) 各 n について (1) より

$$\begin{aligned}\sum_{\kappa(n,m)\neq 0}\deg(\rho)&\leqq\sum_{m=0}^{n}\deg(\mathrm{Sym}^m)\\&=\sum_{m=0}^{n}(m+1)=\frac{(n+1)(n+2)}{2}\leqq 3n^2.\end{aligned}$$

(解答終)

抽象論とともに具体的計算を楽しまれたい．

第7章
チェビシェフ 200 周年

オイラー積の研究で有名な登場者には，オイラー（1707年4月15日～1783年9月18日）とリーマン（1826年9月17日～1866年7月20日）が挙げられる．また，二人の中間の時期にオイラー積を拡張して考えたディリクレ（1805年2月13日～1859年5月5日）もよく出てくる．

一方，忘れがちなのであるが，ロシア生まれのチェビシェフ（1821年5月16日～1894年12月8日）の貢献も大きい．チェビシェフはオイラーが活躍していた都市サンクトペテルブルグにおいて約百年後に研究を行い，オイラーと同じくそこに眠っている．また，チェビシェフは1852年にベルリンにてディリクレに会い，大きな感化を受けた．今年はチェビシェフが生まれてちょうど200年となる記念すべき年である．この機会にチェビシェフにちなんだオイラー積原理等を見よう．

7.1 チェビシェフの数論

チェビシェフは1850年代はじめに素数分布の研究を行った．その成果は，ベルトラン仮説「自然数nに対して$n \leqq p \leqq 2n$となる素数pが存在する」を証明したことを含み，素数定理にも近づいた．それはオイラー積

$$\zeta_{\mathbb{Z}}(s) = \prod_{p:\text{素数}} (1-p^{-s})^{-1}$$

を巧妙に使うものである．とくに，オイラー積を対数微分して

得られる等式

$$\frac{\zeta'_{\mathbb{Z}}(s)}{\zeta_{\mathbb{Z}}(s)} = -\sum_{p:\text{素数}} \sum_{m \geqq 1} (\log p) p^{-ms}$$

を有効に活用した.

素数定理とは，$x>1$ に対して x 以下の素数の個数を $\pi(x)$ としたとき，

$$\lim_{x\to\infty} \frac{\pi(x)}{x/\log x} = 1$$

を主張する．最終的には．1896年にド・ラ・ヴァレ・プーサンとアダマールが独立に証明することになるのであるが，それはチェビシェフが亡くなって2年後のことであった.

チェビシェフは

$$A < \frac{\pi(x)}{x/\log x} < B \quad (x \geqq 2)$$

をみたす正の定数 $A<1<B$ が存在することを A, B を明示して証明し，さらに上極限 lim sup と下極限 lim inf に関して

$$\limsup_{x\to\infty} \frac{\pi(x)}{x/\log x} \geqq 1,$$

$$\liminf_{x\to\infty} \frac{\pi(x)}{x/\log x} \leqq 1$$

を証明した．したがって，

「極限 $\lim_{x\to\infty} \frac{\pi(x)}{x/\log x}$ は存在すれば1である」

ことを示していた．あとは，その極限が存在すること，つまり

$$\limsup_{x\to\infty} \frac{\pi(x)}{x/\log x} = \liminf_{x\to\infty} \frac{\pi(x)}{x/\log x}$$

が成立することを示すことが残されていた．より具体的には

$$(\text{☆}) \qquad \begin{cases} \displaystyle\limsup_{x\to\infty} \frac{\pi(x)}{x/\log x} \leqq 1, \\ \displaystyle\liminf_{x\to\infty} \frac{\pi(x)}{x/\log x} \geqq 1 \end{cases}$$

を証明することになる.

現在，普通に行われる素数定理の証明方法は，$\zeta_{\mathbb{Z}}(s)$のオイラー積に複素関数論を用いて示される事実「$\zeta_{\mathbb{Z}}(s)$は$\mathrm{Re}(s)\geqq 1$において，$s=1$の1位の極を除いて正則であり零点を持たない」からタウベル型定理（現代では1931年のウィーナー・池原定理が使いやすい）を経由して（☆）を導くという道である．池原止戈夫（シカオ；1904年4月11日～1984年10月10日）はMITのウィーナーのところで研究していた．私は修士論文を書いていた頃に池原先生に東工大の数学図書室にてお目にかかることができた.

複素関数論を学ぶ際には素数定理の証明を目標にすると良い，という趣旨で丁寧に書かれた記事が

Stephan Raman Garcia “The prime number theorem as a capstone in a complex analysis course”
Journal of Humanistic Mathematics **11** (2021), No. 1, 166-203 [arXiv: 2005. 12694 v3 2020 July 12]

にあるので（無料でダウンロードできる）参照されたい．学習者にも教授者にも役に立つ.

さらに，チェビシェフは，1853年3月に$p\equiv 1 \bmod 4$となる素数と$p\equiv 3 \bmod 4$となる素数の出現の「偏り（bias)」も研究した．ディリクレの素数定理（精密版）から

$$\pi_{4,1}(x)=|\{p\leqq x \mid p\equiv 1 \bmod 4\}|,$$
$$\pi_{4,3}(x)=|\{p\leqq x \mid p\equiv 3 \bmod 4\}|$$

に関しては,

$$\lim_{x\to\infty}\frac{\pi_{4,1}(x)}{x/\log x}=\lim_{x\to\infty}\frac{\pi_{4,3}(x)}{x/\log x}=\frac{1}{2}$$

が成立するのであるが,（このことはチェビシェフの頃は証明されていなかった），チェビシェフは“$p\equiv 3 \bmod 4$となる素数の方

が，$p \equiv 1 \bmod 4$ となる素数より多い”という観察を行った．例えば，$c \downarrow 0$ に対して

$$e^{-3c}-e^{-5c}+e^{-7c}+e^{-11c}-e^{-13c}$$
$$-e^{-17c}+e^{-19c}+e^{-23c}-\cdots \to \infty$$

と主張している．それは，不等式$\pi_{4,3}(x)>\pi_{4,1}(x)$をみたす x の“密度”（対数密度など）が大きい，という「チェビシェフの偏り」として探求が続いていて，ゼータ関数および L 関数の零点の深い性質（一般リーマン予想，線形独立性，深リーマン予想）に結びつく．

チェビシェフによる素数分布の研究はリーマンの 1859 年の素数分布に関する論文（リーマン予想を提出）へ刺激となった．リーマンの計算メモにはチェビシェフに連絡することを考えていたことを示す跡が残っている．

特筆すべきこととして，チェビシェフは単なる個数を数える関数 $\pi(x)$ より重み付きの関数

$$\theta(x)=\sum_{p \leq x} \log p,$$
$$\psi(x)=\sum_{p^m \leq x} \log p=\log LCM(1,2,\cdots,[x])$$

が便利なことを指摘していた．実際，素数定理「$\pi(x) \sim \dfrac{x}{\log x}$」は簡明な「$\theta(x) \sim x$」や「$\psi(x) \sim x$」と同値であり，証明にも扱いやすい．もっと踏み込めば，「素数 p は長さ $\log p$ の円」という弦描像にも行くであろう．

さらに，チェビシェフの亡くなった翌年の 1895 年にフォン・マンゴルトは $x>1$ に対して，

$$\psi(x)=x-\sum_{\rho} \frac{x^{\rho}}{\rho}-\log\left(1-\frac{1}{x^2}\right)-\log(2\pi)$$

という見事な明示公式を導いた：ρ は $\zeta_{\mathbb{Z}}(s)$ の虚零点（非自明零点）を動く．これは，1859 年のリーマンの明示公式

$$\pi(x)=\sum_{m=1}^{\infty}\frac{\mu(m)}{m}\left(Li(x^{\frac{1}{m}})-\sum_{\rho}Li(x^{\frac{\rho}{m}})+\int_{x^{\frac{1}{m}}}^{\infty}\frac{du}{u(u^2-1)\log u}-\log 2\right)$$

の $\psi(x)$ 版である．ただし，$x>1$ に対して

$$\begin{aligned}Li(x)&=\int_0^x\frac{du}{\log u}\\&=\lim_{\varepsilon\downarrow 0}\left(\int_0^{1-\varepsilon}\frac{du}{\log u}+\int_{1+\varepsilon}^{x}\frac{du}{\log u}\right)\end{aligned}$$

は対数積分である．$\psi(x)$ の簡明さは印象的でありベルトラン仮説の証明にも有効だった．

7.2　チェビシェフ多項式

チェビシェフは 1854 年にチェビシェフ多項式を発見した．これは，後で説明する通り数論に深く結び付くものであるが，その起源はワットの蒸気機構であった．

現在使われている通常の記号では，チェビシェフ多項式とは，

$$T_n(\cos\theta)=\cos(n\theta),$$
$$U_n(\cos\theta)=\frac{\sin((n+1)\theta)}{\sin\theta}$$

となる n 次多項式 $T_n(x)$ と $U_n(x)$ のことであり，前者は第 1 種チェビシェフ多項式，後者は第 2 種チェビシェフ多項式と呼ばれている．たとえば

$$T_0(x)=1$$
$$T_1(x)=x$$
$$T_2(x)=2x^2-1$$
$$T_3(x)=4x^3-3x$$
$$T_4(x)=8x^4-8x^2+1$$
$$T_5(x)=16x^5-20x^3+5x$$
$$U_0(x)=1$$
$$U_1(x)=2x$$
$$U_2(x)=4x^2-1$$
$$U_3(x)=8x^3-4x$$
$$U_4(x)=16x^4-12x^2+1$$
$$U_5(x)=32x^5-32x^3+6x$$

である．具体的な計算には漸化式

$$T_{n+1}(x)=2xT_n(x)-T_{n-1}(x),$$
$$U_{n+1}(x)=2xU_n(x)-U_{n-1}(x)$$

を使うのが便利である．

練習問題1　漸化式を証明せよ．

解答　$x=\cos(\theta)$ を代入すると

$$T_{n+1}(x)=2x\,T_n(x)-T_{n-1}(x)$$
$$\Longleftrightarrow \cos((n+1)\theta)=2\cos(\theta)\cos(n\theta)-\cos((n-1)\theta)$$
$$\Longleftrightarrow \cos((n+1)\theta)+\cos((n-1)\theta)=2\cos(\theta)\cos(n\theta)$$

および

$$U_n(x)=2xU_{n-1}(x)-U_{n-2}(x)$$
$$\Longleftrightarrow \frac{\sin((n+1)\theta)}{\sin(\theta)}=2\cos(\theta)\frac{\sin(n\theta)}{\sin(\theta)}-\frac{\sin((n-1)\theta)}{\sin(\theta)}$$
$$\Longleftrightarrow \sin((n+1)\theta)+\sin((n-1)\theta)=2\cos(\theta)\sin(n\theta)$$

となるので，三角関数の加法公式から，漸化式が成立している

ことがわかる． **（解答終）**

練習問題 2 次を示せ．

(1) $T_n(x) = 2^{n-1}\prod_{k=1}^{n}\left(x - \cos\left(\frac{(2k-1)\pi}{2n}\right)\right)$.

(2) $U_n(x) = 2^n\prod_{k=1}^{n}\left(x - \cos\left(\frac{k\pi}{n+1}\right)\right)$.

解答

(1) $T_n\left(\cos\left(\frac{(2k-1)\pi}{2n}\right)\right) = \cos\left(\frac{(2k-1)\pi}{2}\right) = 0$ より

$$x = \cos\left(\frac{(2k-1)\pi}{2n}\right) \quad (k = 1, \cdots, n)$$

は n 次多項式 $T_n(x)$ の相異なる n 零点になる．よって，最高次の係数が 2^{n-1} となることから等式が成立する．

(2) $U_n\left(\cos\left(\frac{k\pi}{n+1}\right)\right) = \frac{\sin(k\pi)}{\sin(\frac{k\pi}{n+1})} = 0$ より

$$x = \cos\left(\frac{k\pi}{n+1}\right) \quad (k = 1, \cdots, n)$$

は n 次多項式 $U_n(x)$ の相異なる n 零点になる．よって，最高次の係数が 2^n となることから等式が成立する．**（解答終）**

チェビシェフ多項式 $T_n(x)$ の重要な性質に，その振幅の小ささがある．チェビシェフにとっては「チェビシェフ機構」という機械学の研究がきっかけであった．その当時は蒸気機関が発明された頃であり，円滑なピストン機構が重要な問題となっていた．ウィキペディアの「Chebyshev linkage」でスムーズな動きを見ることができる．現代なら上下動の小さなロボットの 2 足歩行を思い浮かべれば良いであろう．その性質を示してみよう．

練習問題 3

n 次モニック多項式 $f(x)\in\mathbb{R}[x]$ に対して

$$M(f)=\max\{|f(x)|\,|\,x\in[-1,1]\}$$

とおく．次を示せ．

(1) $M(f)\geqq\dfrac{1}{2^{n-1}}$.

(2) $M(f)=\dfrac{1}{2^{n-1}}\Longleftrightarrow f(x)=\dfrac{1}{2^{n-1}}T_n(x)$.

解答

(1) いま，$M(f)<\dfrac{1}{2^{n-1}}$ だったと仮定し，

$$g(x)=\frac{1}{2^{n-1}}T_n(x)-f(x)$$

とおくと，$g(x)$ は高々 $n-1$ 次の多項式である．すると，$k=0,1,\cdots,n$ に対して，$x_k=\cos\left(\dfrac{k\pi}{n}\right)$として

$$\begin{aligned}g(x_k)&=\frac{1}{2^{n-1}}T_n(x_k)-f(x_k)\\&=\frac{1}{2^{n-1}}\cos(k\pi)-f(x_k)\\&=\frac{(-1)^k}{2^{n-1}}-f(x_k)\end{aligned}$$

となる．したがって，k が偶数のときは

(＊) $g(x_k)=\dfrac{1}{2^{n-1}}-f(x_k)>0$,

k が奇数のときは

(＊＊) $g(x_k)=-\dfrac{1}{2^{n-1}}-f(x_k)<0$

となる．高々 $n-1$ 次の多項式 $g(x)$ が，これらの不等式 (＊)(＊＊) をみたすのは，符号変化を見れば n 個以上の零点を持つことになって有り得ない．よって．(1) が成立する．

(2) $\Leftarrow$ は明らか. $\Rightarrow$ は (1) の通り $g(x)$ を定めると $k=0,1,\cdots,n$ に対して, 不等式

$$\begin{cases} g(x_k) \geqq 0 & \cdots\ k\text{が偶数のとき} \\ g(x_k) \leqq 0 & \cdots\ k\text{が奇数のとき} \end{cases}$$

が成立する. このことと $g(x)$ は高々 $n-1$ 次の多項式であることから $g(x)$ は定数関数 $g(x)=0$ とわかる. たとえば, 等号が不成立の場合は (1) の通り符号変化より有り得ないとわかり, ある $k=1,\cdots,n-1$ において等号成立ならば, $f(x_k)$ は極値であり $f'(x_k)=T'_n(x_k)=0$ より $g'(x_k)=0$ となり, x_k は $g(x)$ の 2 位以上の零点となる. すると, 零点の位数を込めた個数を見て $g(x)=0$ がわかる. よって (2) が成立する. **(解答終)**

このように, n 次モニック多項式のうちで $\frac{1}{2^{n-1}}T_n(x)$ は $[-1,1]$ における振動幅が最小のものとして特徴付けられるものであり, “ほとんど直線運動” という機械学的応用に結び付く. 機械学への興味は 1852 年 10 月にチェビシェフがベルリンにてディリクレによる機械学の講義を聴いた際に掻き立てられたものであろう (『チェビシェフ全集』第 2 巻, XVIII 頁). もちろん, チェビシェフにとっては, その訪問の折にディリクレと素数分布論の研究に解析学を使うことを議論したことも大きな成果であった.

7.3 オイラー積原理

ラマヌジャン Δ という保型形式

$$\Delta(z)=q\prod_{n=1}^{\infty}(1-q^n)^{24}=\sum_{n=1}^{\infty}\tau(n)q^n$$

は典型的な 2 次のオイラー積

$$\sum_{n=1}^{\infty}\tau(n)n^{-s}=\prod_{p:\text{素数}}(1-\tau(p)p^{-s}+p^{11-2s})^{-1}$$

を与える．ただし，

$$q=e^{2\pi iz}\quad(\mathrm{Im}(z)>0)$$

である．変数 s を $s+\dfrac{11}{2}$ で置きかえることにより正規化されたオイラー積となる：

$$\sum_{n=1}^{\infty}a(n)n^{-s}=\prod_{p:\text{素数}}(1-a(p)p^{-s}+p^{-2s})^{-1}.$$

ここで，$a(n)=\tau(n)n^{-\frac{11}{2}}$ であり，ラマヌジャン予想により $a(p)=2\cos(\theta(p))$ となる $\theta(p)\in[0,\pi]$ が定まる．

いま，n 次モニック多項式 $f(x)\in\mathbb{Z}[x]$ に対して $(n\geqq 1)$，オイラー積

$$\begin{aligned}Z^f(s)&=\prod_p Z_p^f(s)\\&=\prod_p(1-f(a(p))p^{-s}+p^{-2s})^{-1}\end{aligned}$$

を考える．すると，オイラー積原理が成立して，チェビシェフに結びついた驚くべき定理を得る．チェビシェフ 200 記念である．

定理　次は同値である．

(1)　$Z^f(s)$ は $s\in\mathbb{C}$ 全体における有理型関数に解析接続できる．

(2)　すべての p に対して $Z_p^f(s)$ はリーマン予想をみたす：

$$Z_p^f(s)=\infty \text{ なら } \mathrm{Re}(s)=0.$$

(3)　$f(x)=2T_n\left(\dfrac{x}{2}\right)$.

このうち，(1)$\Longleftrightarrow$(2) がオイラー積原理であり，オイラー基盤 $E=(P, SU(2), \alpha)$

$$\begin{array}{cccc} \alpha: & P & \longrightarrow & \mathrm{Conj}(SU(2)) \\ & \uplus & & \uplus \\ & p & \longmapsto & \left[\begin{pmatrix} e^{i\theta(p)} & 0 \\ 0 & e^{-i\theta(p)} \end{pmatrix}\right] \end{array}$$

に対して

$$\begin{aligned} H^f(T) &= 1-f(\mathrm{tr}(\mathrm{Sym}^1))T+T^2 \\ &\in 1+T\cdot R(SU(2))[T] \end{aligned}$$

とすると

$$Z(s, E, H^f)=\prod_p (1-f(\alpha(p))p^{-s}+p^{-2s})^{-1}$$

となっている．

オイラー積原理の証明の詳細については

S.Koyama and N.Kurokawa "Variations of Ramanujan's Euler products" arXiv : 2103 , 11406 (2021 年 3 月)

を読んでいただくこととして (IMRN に出版された)，ここでは (2)$\Longleftrightarrow$(3) を見ておこう．

練習問題 4　次を示せ：

H^f が有限型 $\Longleftrightarrow f(x)=2T_n\left(\dfrac{x}{2}\right)$.

解答　H^f が有限型 $\Longleftrightarrow$ すべての $g\in SU(2)$ に対して $H_g^f(T)=(1-e^{i\varphi(g)}T)(1-e^{-i\varphi(g)}T)$ となる $\varphi(g)\in\mathbb{R}$ が存在であることを思い出す．このとき，

$$\begin{aligned} f(\mathrm{tr}\,\mathrm{Sym}^1(g)) &= 2\cos(\varphi(g)), \\ f(\alpha(p)) &= 2\cos(\varphi(\alpha(p))) \end{aligned}$$

である．したがって，

$$-2 \leqq x \leqq 2 \Longrightarrow -2 \leqq f(x) \leqq 2$$

をみたす f を求めればよい．そこで，$g(x)=\frac{1}{2^n}f(2x)$ とおくと $g(x)\in\mathbb{R}[x]$ はモニック n 次多項式であって

$$M(g)=\max\{|g(x)|\,|\,x\in[-1,1]\}\leqq\frac{1}{2^{n-1}}$$

をみたす．したがって，チェビシェフの定理（練習問題3）より $g(x)=\frac{1}{2^{n-1}}T_n(x)$ である．よって

$$f(x)=2^n g\left(\frac{x}{2}\right)=2T_n\left(\frac{x}{2}\right)$$

が成立する　　　　　　　　　　　　　　　　　　**（解答終）**

7.4　チェビシェフ型ゼータ関数

第1種チェビシェフ多項式に関係することを前節で説明したので，今度は第2種チェビシェフ多項式に関する話をしよう．

$n=1,2,3,\cdots$ に対して，$n-1$ 次の行列式

$$Z_n(s)=\det\begin{pmatrix} s & -1 & & O \\ 1 & \ddots & \ddots & \\ & \ddots & \ddots & -1 \\ O & & 1 & s \end{pmatrix}$$

を考える．ただし，$Z_1(s)=1$ とする．たとえば

$$Z_2(s)=\det(s)=s,$$

$$Z_3(s)=\det\begin{pmatrix} s & -1 \\ 1 & s \end{pmatrix}=s^2+1,$$

$$Z_4(s)=\det\begin{pmatrix} s & -1 & 0 \\ 1 & s & -1 \\ 0 & 1 & s \end{pmatrix}=s^3+2s$$

である．

練習問題 5　漸化式

$$Z_{n+1}(s) = sZ_n(s) + Z_{n-1}(s)$$

を示せ.

解 答　$Z_{n+1}(s)$ の行列式を 1 行について展開すると

$$Z_{n+1}(s) = s \cdot \det\begin{pmatrix} s & -1 & & O \\ 1 & \ddots & \ddots & \\ & \ddots & \ddots & -1 \\ O & & 1 & s \end{pmatrix} + \det\begin{pmatrix} 1 & -1 & & & O \\ 0 & s & \ddots & & \\ & 1 & \ddots & \ddots & \\ & & \ddots & \ddots & -1 \\ O & & & 1 & s \end{pmatrix}$$

$$= sZ_n(s) + \det\begin{pmatrix} 1 & -1 & & & O \\ 0 & s & \ddots & & \\ & 1 & \ddots & \ddots & \\ & & \ddots & \ddots & -1 \\ O & & & 1 & s \end{pmatrix}$$

となり，さらに 1 列について展開すれば

$$Z_{n+1}(s) = sZ_n(s) + Z_{n-1}(s)$$

を得る.　**(解答終)**

第 2 種チェビシェフ多項式で書いてみよう.

練習問題 6　等式

$$Z_n(s) = i^{n-1} U_{n-1}\left(\frac{s}{2i}\right)$$

を示せ.

解 答　n についての帰納法で示す．まず，$n = 1, 2$ のときは

$$Z_1(s) = 1 = U_0\left(\frac{s}{2i}\right),$$

$$Z_2(s) = s = i \cdot U_1\left(\frac{s}{2i}\right)$$

となり成立する．次に$n \geqq 3$ として,

$$Z_m(s) = i^{m-1} U_{m-1}\left(\frac{s}{2i}\right)$$

が $m \leqq n-1$ に対して成立したと仮定する．このとき，練習問題1と練習問題5の漸化式より

$$
\begin{aligned}
Z_n(s) &= sZ_{n-1}(s) + Z_{n-2}(s) \\
&= s \cdot i^{n-2} U_{n-2}\left(\frac{s}{2i}\right) + i^{n-3} U_{n-3}\left(\frac{s}{2i}\right) \\
&= i^{n-1}\left\{2\left(\frac{s}{2i}\right) U_{n-2}\left(\frac{s}{2i}\right) - U_{n-3}\left(\frac{s}{2i}\right)\right\} \\
&= i^{n-1} U_{n-1}\left(\frac{s}{2i}\right)
\end{aligned}
$$

が成立する．よって，帰納法より，すべての n に対して成立する．　　　　**（解答終）**

こうなったので，$Z_n(s)$ をチェビシェフ型ゼータ関数と呼ぼう．ゼータ関数と言えば

(0) 行列式表示

(1) 関数等式

(2) リーマン予想

(3) 特殊値表示

が期待される．$Z_n(s)$ の場合は (0) は構成そのものに組み込まれている．

練習問題7　性質 (1)(2)(3) を示せ．

解答

(1) 関数等式

$$
Z_n(-s) = (-1)^{n-1} Z_n(s)
$$

を示そう．そのためには，行列式は転置しても同じことから

$$Z_n(-s)=\det\begin{pmatrix} -s & 1 & & O \\ -1 & \ddots & \ddots & \\ & \ddots & \ddots & 1 \\ O & & -1 & -s \end{pmatrix}$$

$$=(-1)^{n-1}\det\begin{pmatrix} s & -1 & & O \\ 1 & \ddots & \ddots & \\ & \ddots & \ddots & -1 \\ O & & 1 & s \end{pmatrix}$$

$$=(-1)^{n-1}Z_n(s)$$

とすればよい．

(2) リーマン予想「$Z_n(s)=0 \Longrightarrow \mathrm{Re}(s)=0$」を示そう．

$$Z_n(s)=\det\left(s-\begin{pmatrix} 0 & 1 & & O \\ -1 & \ddots & \ddots & \\ & \ddots & \ddots & 1 \\ O & & -1 & 0 \end{pmatrix}\right)$$

は実交代行列の固有多項式（特性多項式）であるから，零点すなわち固有値は純虚数となる．よって，リーマン予想

$$Z_n(s)=0 \Longrightarrow \mathrm{Re}(s)=0$$

が成立する．

(3) 自然数 $m \geqq 1$ に対して特殊値表示

$$Z_n(m)=\frac{(m+\sqrt{m^2+4})^n-(m-\sqrt{m^2+4})^n}{2^n\sqrt{m^2+4}}$$

を示す．漸化式から等式

$$\begin{pmatrix} Z_{n+1}(m) & Z_n(m) \\ Z_n(m) & Z_{n-1}(m) \end{pmatrix}=\begin{pmatrix} m & 1 \\ 1 & 0 \end{pmatrix}\begin{pmatrix} Z_n(m) & Z_{n-1}(m) \\ Z_{n-1}(m) & Z_{n-2}(m) \end{pmatrix}$$

が成立するので

$$\begin{pmatrix} Z_{n+1}(m) & Z_n(m) \\ Z_n(m) & Z_{n-1}(m) \end{pmatrix}=\begin{pmatrix} m & 1 \\ 1 & 0 \end{pmatrix}^n$$

となる．したがって，$\begin{pmatrix} m & 1 \\ 1 & 0 \end{pmatrix}$ を $\begin{pmatrix} \frac{m+\sqrt{m^2+4}}{2} & 0 \\ 0 & \frac{m-\sqrt{m^2+4}}{2} \end{pmatrix}$ と対角化することによって

$$Z_n(m)=\frac{\left(\frac{m+\sqrt{m^2+4}}{2}\right)^n-\left(\frac{m-\sqrt{m^2+4}}{2}\right)^n}{\sqrt{m^2+4}}$$

となる．とくに，

$$Z_n(1)=\frac{\left(\frac{1+\sqrt{5}}{2}\right)^n-\left(\frac{1-\sqrt{5}}{2}\right)^n}{\sqrt{5}}$$

はフィボナッチ数であり

$$Z_n(2)=\frac{(1+\sqrt{2})^n-(1-\sqrt{2})^n}{2\sqrt{2}}$$

はペル数である.　**(解答終)**

なお，リーマン予想に関しては，より強く零点の明示式

$$Z_n(s)=\prod_{k=1}^{n-1}\left(s-2i\cos\left(\frac{k\pi}{n}\right)\right)$$

を用いることもできる．証明は練習問題の２と６を合わせれば良い．別証明は

黒川信重『零点問題集――ゼータ入門』現代数学社，2019年，第９話「固有値と零点」(とくに９.３節)

を見られたい.

練習問題 8　次を示せ.

(1)　$Z_n(2i)=i^{n-1}n.$

(2)　$Z_n(i)=i^{n-1}\dfrac{2}{\sqrt{3}}\sin\left(\dfrac{n\pi}{3}\right).$

(3)　$Z_n(\sqrt{2}\,i)=i^{n-1}\sqrt{2}\sin\left(\dfrac{n\pi}{4}\right).$

(4)　$Z_n(\sqrt{3}\,i)=i^{n-1}2\sin\left(\dfrac{n\pi}{6}\right).$

解答

$$\begin{aligned}Z_n(2i\cos(\theta))&=i^{n-1}U_{n-1}(\cos(\theta))\\&=i^{n-1}\frac{\sin(n\theta)}{\sin(\theta)}\end{aligned}$$

より，　$\theta=0\,(\theta\to 0)$，$\theta=\frac{\pi}{3}$，$\theta=\frac{\pi}{4}$，$\theta=\frac{\pi}{6}$ として (1) (2) (3) (4) を得る．　　　　　　　　　　　　　　　　　　　**（解答終）**

7.5　絶対ゼータ関数

$Z_n(s)$ は絶対ゼータ関数と考えることができる．絶対ゼータ関数とは絶対保型形式 $f(x)$ $(x>0)$ に対して

$$\zeta_f(s)=\exp\left(\frac{\partial}{\partial w}\left(\frac{1}{\Gamma(w)}\int_1^\infty f(x)x^{-s-1}(\log x)^{w-1}dx\right)\bigg|_{w=0}\right)$$

と構成されるものである．ただし，$f(x)$ の絶対保型性とは $f\left(\frac{1}{x}\right)=Cx^{-D}f(x)$ である．

たとえば，多項式

$$f(x)=\sum_k a(k)x^k\in\mathbb{Z}[x]$$

に対しては

$$\zeta_f(s)=\prod_k (s-k)^{-a(k)}$$

となる．実際，

$$\frac{1}{\Gamma(w)}\int_1^\infty f(x)x^{-s-1}(\log x)^{w-1}dx=\sum_k a(k)(s-k)^{-w}$$

より次を得る：

$$\frac{\partial}{\partial w}\left(\frac{1}{\Gamma(w)}\int_1^\infty f(x)x^{-s-1}(\log x)^{w-1}dx\right)\bigg|_{w=0}$$
$$=-\sum_k a(k)\log(s-k).$$

練習問題9

$$f_n(x) = -\sum_{k=1}^{n-1} \cos\left(2\cos\left(\frac{k\pi}{n}\right)\log x\right)$$

とおく．次を示せ．

(1)　$f_n\left(\frac{1}{x}\right) = f_n(x)$.

(2)　$\zeta_{f_n}(s) = Z_n(s)$.

解答

(1)　$$f_n\left(\frac{1}{x}\right) = -\sum_{k=1}^{n-1} \cos\left(2\cos\left(\frac{k\pi}{n}\right)\log\left(\frac{1}{x}\right)\right)$$

$$= -\sum_{k=1}^{n-1} \cos\left(2\cos\left(\frac{k\pi}{n}\right)\log x\right)$$

$$= f_n(x).$$

(2)　$f_n(x) = -\sum_{k=1}^{n-1} x^{2i\cos(\frac{k\pi}{n})}$ より

$$\frac{1}{\Gamma(w)}\int_1^\infty f_n(x)x^{-s-1}(\log x)^{w-1}dx = -\sum_{k=1}^{n-1}\left(s-2i\cos\left(\frac{k\pi}{n}\right)\right)^{-w}$$

なので

$$\zeta_f(s) = \prod_{k=1}^{n-1}\left(s-2i\cos\left(\frac{k\pi}{n}\right)\right) = Z_n(s).$$

（解答終）

この計算の類似物はオイラーが67歳であった1774年12月8日付の論文

E475 “Speculationes analyticae”［解析的考察＝解析的予言］
Novi Commentarii Academiae Scientiarum Petropolitanae
20（1776）p,59-79（全集Ⅰ－18,p.1–22）

にある．解説としては

黒川信重『オイラーのゼータ関数論』現代数学社，2018 年，第 9 章「絶対ゼータ関数論の発展」

を読まれたい．特に 162 頁の練習問題 4 が参考になる．積分区間は $x \longleftrightarrow 1/x$ によって 102 頁の通り $(1,\infty) \longleftrightarrow (0,1)$ と変換する．オイラーは $(0,\ 1)$ 上の積分版を考えていて，現代の絶対ゼータ関数論では $(1,\ \infty)$ 上の積分版になっている．

7.6　絶対オイラー積

$Z_n(s)$ は絶対オイラー積表示を持つ：

$$Z_n(s) = \left(\frac{1}{s}\right)^{1-n} \prod_{m=1}^{\infty} \left(1 - \left(\frac{1}{s}\right)^m\right)^{\kappa(m)} \quad (\kappa(m) \in \mathbb{Z}).$$

絶対オイラー積は

黒川信重『絶対ゼータ関数論』岩波書店，2016 年，第 7 章「絶対オイラー積」

において導入された．

練習問題 10　$Z_n(s)$ に対する絶対オイラー積を示せ．

解答　$$Z_n(s) = P_n(s^2) \times \begin{cases} 1 \cdots n \text{ は奇数} \\ s \cdots n \text{ は偶数} \end{cases}$$

と書くことができる．ここで，$P_n(x)$ は $\mathbb{Z}$ 係数の多項式で次数は $\left[\frac{n-1}{2}\right]$ である．たとえば，$P_1(x) = 1$，$P_2(x) = 1$，$P_3(x) = x+1$，$P_4(x) = x+2$ である．したがって

$$Z_n(s) = \left(\frac{1}{s}\right)^{1-n} H_n\left(\left(\frac{1}{s}\right)^2\right)$$

の形になる．ここで，$H_n(T) \in 1+T\mathbb{Z}[T]$．すると，オイラー積原理の基本より

$$H_n(T)=\prod_{m=1}^{\infty}(1-T^m)^{\kappa^*(m)} \quad (\kappa^*(m) \in \mathbb{Z})$$

と展開できて

$$Z_n(s)=\left(\frac{1}{s}\right)^{1-n}\prod_{m=1}^{\infty}\left(1-\left(\frac{1}{s}\right)^{2m}\right)^{\kappa^*(m)}$$

となる．とくに，

$$Z_n(s)=\left(\frac{1}{s}\right)^{1-n}\prod_{m=1}^{\infty}\left(1-\left(\frac{1}{s}\right)^{m}\right)^{\kappa(m)} \quad (\kappa(m) \in \mathbb{Z})$$

の形になる．なお，

$$1-n=f_n(1)=\chi(f_n)$$

はオイラー標数である．　**（解答終）**

チェビシェフの研究に感謝したい．是非,『チェビシェフ全集』を熟読されたい．

第8章 剛性定理

オイラー積の剛性 (rigidity) を示そう．これは，オイラー積原理の意外な応用である．“剛性(ごうせい)” とは数学のいろいろな分野で議論されるべきことであるが，日本においては幾何的なものに片寄っているようであり，一般的な理解が進んでいない．いずれにせよ，“ 変形が出来ない ” という性質である．

ここでは，オイラー積が $\mathbb{C}$ 上の有理型性の条件下で剛性を持っていることを簡明な例で見よう．つまり，オイラー積は有理型という枠で決まってしまうという話である．

通常の数論では，オイラー積やディリクレ級数を「解析性と関数等式」という組で特徴付けるというハンブルガー (1921)，ヘッケ (1936)，マース (1949) にはじまる理論 ―それは保型形式論に深く結びついていて「関数等式」が「保型性」に対応する― が流通しているが，我々は「有理型性」だけで特徴付けることを考えるのである．

8.1 剛性定理

まず，簡単な形の剛性定理を書いておこう．

定理 A　$a,b,c\in i\mathbb{R}$ に対してオイラー積

$$Z^{abc}(s)=\prod_{p:\text{素数}}(1-(p^a+p^b)p^{-s}+p^{c-2s})^{-1}$$
$$=\prod_{p:\text{素数}}\{(1-p^{a-s})(1-p^{b-s})+(p^c-p^{a+b})p^{-2s}\}^{-1}$$

を考える．このとき，次は同値である．

(1)　$Z^{abc}(s)$ は $s\in\mathbb{C}$ 全体の有理型関数に解析接続できる．

(2)　$a+b=c$ つまり $Z^{abc}(s)=\zeta_{\mathbb{Z}}(s-a)\zeta_{\mathbb{Z}}(s-b)$.

この結果は，a,b が与えられたとき c による変形全体

$$\mathcal{Z}^{ab}=\{Z^{abc}(s)\mid c\in i\mathbb{R}\}\ni\zeta_{\mathbb{Z}}(s-a)\zeta_{\mathbb{Z}}(s-b)$$

を見たとき，$Z^{abc}(s)$ が $\mathbb{C}$ 上で有理型という条件で c は $a+b$ と唯一に決まってしまうということを言っている．したがって，この意味で二次のオイラー積 $\zeta_{\mathbb{Z}}(s-a)\zeta_{\mathbb{Z}}(s-b)$ は剛性を持っているのである．

定理 A において $a+b=c$ でない場合を補充すると次の通り．

定理 B　$a,b,c\in i\mathbb{R}$ に対して $a+b\neq c$ のとき，$Z^{abc}(s)$ は $\mathrm{Re}(s)>0$ において有理型関数として解析接続可能であるが $\mathrm{Re}(s)=0$ を自然境界に持つ．

この定理 A と定理 B はオイラー積原理の良い適用例である．その証明を見ていこう．なお，英語版は次に出版した：

S.Koyama and N.Kurokawa “Rigidity of Euler products”［オイラー積の剛性］Proc.Japan Acad, **97** A (2021) 83-86.

8.2　オイラー基盤

オイラー基盤 $E=(P,\mathbb{R},\alpha)$ を考える．ここで，P は素数全体，$\mathbb{R}$ は実数の加法群（通常の位相），$\alpha: P \longrightarrow \mathbb{R}$ は $\alpha(p)=\log p$ である．

このとき,（仮想）表現環 $R(\mathbb{R})$ は

$$R(\mathbb{R})=\left\{\sum_{a\in i\mathbb{R}} m(a)\chi_a \text{ 有限和} \,\middle|\, m(a)\in\mathbb{Z}\right\}$$

である．ただし，表現 $\chi_a:\mathbb{R}\longrightarrow U(1)$ は

$$\chi_a(x)=e^{ax}\quad(x\in\mathbb{R})$$

と定める．

この場合のオイラー積は多項式

$$H(T)=\sum_{m=0}^{n} h_m T^m \in 1+TR(\mathbb{R})[T]$$

に対して

$$Z(s,E,H)=\prod_{p:\text{素数}} H_{\alpha(p)}(p^{-s})^{-1}$$

である．ここで

$$H_x(T)=\sum_{m=0}^{n} h_m(x)T^m \in 1+T\mathbb{C}[T]$$

である．

これまで「オイラー積原理」として解説してきた私の修士論文（東工大，1977 年 3 月）の詳細版論文

N.Kurokawa "On the meromorphy of Euler products (I)"［オイラー積の有理型性 (I)］Proc.London Math.Soc. (3) **53** (1986) 1-47

の §8 の Theorem1 (p.45) から E に対してオイラー積原理が成立することがわかる．つまり,

$H(T)$ ：有限型 $(\gamma(H)=1) \Longleftrightarrow Z(s, E, H)$ ： $\mathbb{C}$ 上で有理型

$H(T)$ ：無限型 $(\gamma(H)>1) \Longleftrightarrow Z(s, E, H)$

：$\mathrm{Re}(s)>0$ で有理型，$\mathrm{Re}(s)=0$ は自然境界

が成立する．

8.3　定理Aと定理Bの証明

オイラー積原理が成立することがわかったので，定理Aと定理Bの証明には有限型 $(\gamma(H)=1)$ と無限型 $(\gamma(H)>1)$ の判別条件を確かめればよいことになる．それは次の命題である．

練習問題1　$a, b, c \in i\mathbb{R}$ に対して

$$H^{abc}(T) \in 1+TR(\mathbb{R})[T]$$

を

$$H^{abc}(T)=1-(\chi_a+\chi_b)T+\chi_c T^2$$

と定める．このとき

$$\gamma(H^{abc})=1 \Longleftrightarrow a+b=c$$

を示せ．

解答

$\Leftarrow$）$a+b=c$ のとき

$$\begin{aligned} H_x^{abc}(T) &= (1-\chi_a(x)T)(1-\chi_b(x)T) \\ &= (1-e^{ax}T)(1-e^{bx}T) \end{aligned}$$

となり $\gamma(H^{abc})=1$ が成立．

$\Rightarrow$）$\gamma(H^{abc})=1$ とは

$$H_x^{abc}(T)=(1-e^{i\theta_1(x)}T)(1-e^{i\theta_2(x)}T)$$

となる $\theta_j:\mathbb{R}\longrightarrow\mathbb{R}$ が存在することである．したがって，$H_x^{abc}(T)$ の二通りの表示

$$H_x^{abc}(T)=1-(\chi_a(x)+\chi_b(x))T+\chi_c(x)T^2$$
$$=1-(e^{ax}+e^{bx})T+e^{cx}T^2,$$
$$H_x^{abc}(T)=1-(e^{i\theta_1(x)}+e^{i\theta_2(x)})T+e^{i(\theta_1(x)+\theta_2(x))}T^2$$

を比較して

① $e^{ax}+e^{bx}=e^{i\theta_1(x)}+e^{i\theta_2(x)}$,

② $e^{cx}=e^{i(\theta_1(x)+\theta_2(x))}$

を得る．①の複素共役をとると

③ $e^{-ax}+e^{-bx}=e^{-i\theta_1(x)}+e^{-i\theta_2(x)}$

となる．また，①を②で辺々割ると

$$e^{(a-c)x}+e^{(b-c)x}=e^{-i\theta_1(x)}+e^{-i\theta_2(x)}$$

つまり

④ $e^{(a+b-c)x}(e^{-ax}+e^{-bx})=e^{-i\theta_1(x)}+e^{-i\theta_2(x)}$

となる．④ − ③から

$$(e^{(a+b-c)x}-1)(e^{-ax}+e^{-bx})=0$$

がすべての $x\in\mathbb{R}$ に対して成立することがわかる．とくに

$$\frac{e^{(a+b-c)x}-1}{x}(e^{-ax}+e^{-bx})=0$$

がすべての $x\in\mathbb{R}-\{0\}$ に対して成立することになる．

そこで $x\to 0$ とすると

$$\lim_{x\to 0}\frac{e^{(a+b-c)x}-1}{x}=a+b-c,$$
$$\lim_{x\to 0}(e^{-ax}+e^{-bx})=2$$

より $a+b-c=0$ となる． **（解答終）**

8.4　三次のとき

定理 A と定理 B を高次のオイラー積に拡張することを考えよう．すると，三次のときは次が成立する．

定理 A*　$a, b, c, d \in i\mathbb{R}$ に対してオイラー積

$$Z^{abcd}(s) = \prod_{p:\text{素数}} (1-(p^a+p^b+p^c)p^{-s} + (p^{a+b}+p^{b+c}+p^{c+a})p^{-2s} - p^{d-3s})^{-1}$$

$$= \prod_{p:\text{素数}} \{(1-p^{a-s})(1-p^{b-s})(1-p^{c-s}) - (p^d - p^{a+b+c})p^{-3s}\}^{-1}$$

を構成すると次は同値である．

(1) $Z^{abcd}(s)$ は $s \in \mathbb{C}$ 全体で有理型関数．

(2) $a+b+c=d$ つまり $Z^{abcd}(s) = \zeta_{\mathbb{Z}}(s-a)\zeta_{\mathbb{Z}}(s-b)\zeta_{\mathbb{Z}}(s-c)$．

定理 B*　$a, b, c, d \in i\mathbb{R}$ に対して，$a+b+c \neq d$ のとき $Z^{abcd}(s)$ は $\mathrm{Re}(s)>0$ で有理型で自然境界 $\mathrm{Re}(s)=0$ を持つ．

これは，変形族

$$\mathcal{Z}^{abc} = \{Z^{abcd}(s) \mid d \in i\mathbb{R}\} \ni \zeta_{\mathbb{Z}}(s-a)\zeta_{\mathbb{Z}}(s-b)\zeta_{\mathbb{Z}}(s-c)$$

の中で三次オイラー積 $\zeta_{\mathbb{Z}}(s-a)\zeta_{\mathbb{Z}}(s-b)\zeta_{\mathbb{Z}}(s-c)$ を $\mathbb{C}$ 全体での有理型性で特徴付ける結果であって，剛性定理である．証明は，一般次数でも同様なので n 次版にして考えることにしよう．

8.5　一般次数版

$n \geqq 2$ に対して n 次版を定式化すると定理 A** と定理 B** を得る.

定理 A**　$a_1, \cdots, a_n, b \in i\mathbb{R}$ に対してオイラー積

$$Z(s) = \prod_{p:\text{素数}} \{(1-p^{a_1-s})\cdots(1-p^{a_n-s}) + (-1)^n (p^b - p^{a_1+\cdots+a_n}) p^{-ns}\}^{-1}$$

$$= \prod_{p:\text{素数}} (1-(p^{a_1}+\cdots+p^{a_n})p^{-s}+\cdots+(-1)^n p^{b-ns})^{-1}$$

を考えると, 次は同値である.

(1)　$Z(s)$ は $s \in \mathbb{C}$ 全体で有理型関数.

(2)　$a_1+\cdots+a_n = b$ つまり $Z(s) = \zeta_{\mathbb{Z}}(s-a_1)\cdots\zeta_{\mathbb{Z}}(s-a_n)$.

定理 B**　$a_1, \cdots, a_n, b \in i\mathbb{R}$ に対して, $a_1+\cdots+a_n \neq b$ のとき $Z(s)$ は $\mathrm{Re}(s) > 0$ で有理型で自然境界 $\mathrm{Re}(s) = 0$ を持つ.

$n=2$ の場合は定理 A と定理 B, $n=3$ の場合は定理 A* と定理 B* となっている. 証明は $n=2$ の場合と同様な方法でできる. オイラー積原理により次を見ればよい.

練習問題 2　$a_1, \cdots, a_n, b \in i\mathbb{R}$ に対して

$$H(T) \in 1 + TR(\mathbb{R})[T]$$

を

$$H(T) = (1-\chi_{a_1}T)\cdots(1-\chi_{a_n}T) + (-1)^n(\chi_b - \chi_{a_1+\cdots+a_n})T^n$$
$$= 1-(\chi_{a_1}+\cdots+\chi_{a_n})T+\cdots+(-1)^n\chi_b T^n$$

と定める．このとき

$$\gamma(H) = 1 \Longleftrightarrow a_1+\cdots+a_n = b$$

が成立することを示せ．

解答

$\Leftarrow$）$a_1+\cdots+a_n=b$ のとき

$$H_x(T) = (1-\chi_{a_1}(x)T)\cdots(1-\chi_{a_n}(x)T)$$
$$= (1-e^{a_1x}T)\cdots(1-e^{a_nx}T)$$

より $\gamma(H)=1$ とわかる．

$\Rightarrow$）$\gamma(H)=1$ とは

$$H_x(T) = (1-e^{i\theta_1(x)}T)\cdots(1-e^{i\theta_n(x)}T)$$

となる $\theta_j : \mathbb{R} \to \mathbb{R}$ が存在することである．そこで，

$$H_x(T) = (1-\chi_{a_1}(x)T)\cdots(1-\chi_{a_n}(x)T)$$
$$+(-1)^n(\chi_b(x)-\chi_{a_1+\cdots+a_n}(x))T^n$$
$$= 1-(\chi_{a_1}(x)+\cdots+\chi_{a_n}(x))T+\cdots+(-1)^{n-1}(\chi_{a_1+\cdots+a_{n-1}}(x)$$
$$+\cdots+\chi_{a_2+\cdots+a_n}(x))T^{n-1}+(-1)^n\chi_b(x)T^n$$
$$= 1-(e^{a_1x}+\cdots+e^{a_nx})T+\cdots+(-1)^{n-1}(e^{(a_1+\cdots+a_{n-1})x}$$
$$+\cdots+e^{(a_2+\cdots+a_n)x})T^{n-1}+(-1)^n e^{bx}T^n$$

と

$$H_x(T) = 1-(e^{i\theta_1(x)}+\cdots+e^{i\theta_n(x)})T+\cdots$$
$$+(-1)^{n-1}(e^{i(\theta_1(x)+\cdots+\theta_{n-1}(x))}+\cdots$$
$$\cdots+e^{i(\theta_2(x)+\cdots+\theta_n(x))})T^{n-1}$$
$$+(-1)^n e^{i(\theta_1(x)+\cdots+\theta_n(x))}T^n$$

を比較すると

① $e^{a_1x}+\cdots+e^{a_nx}=e^{i\theta_1(x)}+\cdots+e^{i\theta_n(x)}$,

② $e^{(a_1+\cdots+a_{n-1})x}+\cdots+e^{(a_2+\cdots+a_n)x}$

$\quad =e^{i(\theta_1(x)+\cdots+\theta_{n-1}(x))}+\cdots+e^{i(\theta_2(x)+\cdots+\theta_n(x))}$,

③ $e^{bx}=e^{i(\theta_1(x)+\cdots+\theta_n(x))}$

を得る．①の複素共役を取ると

④ $e^{-a_1x}+\cdots+e^{-a_nx}=e^{-i\theta_1(x)}+\cdots+e^{-i\theta_n(x)}$

となり，②を③で割ると

$$e^{(a_1+\cdots+a_{n-1}-b)x}+\cdots+e^{(a_2+\cdots+a_n-b)x}=e^{-i\theta_1(x)}+\cdots+e^{-i\theta_n(x)}$$

つまり

⑤ $e^{(a_1+\cdots+a_n-b)x}(e^{-a_1x}+\cdots+e^{-a_nx})=e^{-i\theta_1(x)}+\cdots+e^{-i\theta_n(x)}$

となる．したがって⑤－④より

$$(e^{(a_1+\cdots+a_n-b)x}-1)(e^{-a_1x}+\cdots+e^{-a_nx})=0$$

がすべての $x\in\mathbb{R}$ に対して成立することがわかる．とくに

$$\frac{e^{(a_1+\cdots+a_n-b)x}-1}{x}(e^{-a_1x}+\cdots+e^{-a_nx})=0$$

がすべての $x\in\mathbb{R}$ に対して成立する．したがって，$x\to 0$ によって $a_1+\cdots+a_n-b=0$. **（解答終）**

この結果によって，n 次オイラー積 $\zeta_{\mathbb{Z}}(s-a_1)\cdots\zeta_{\mathbb{Z}}(s-a_n)$ の剛性が証明された．

8.6　通常のゼータの特徴付け

我々は，オイラー積原理を用いることによって，オイラー積を $\mathbb{C}$ 上の有理型性のみで特徴付けることを考えてきたのであるが，それは通常の数論の方法ではない．普通はオイラー積（ゼータ関数）を「解析性」＋「関数等式」という組で特徴付ける．とくに，「関数等式」を保型形式の「保型性」に結び付けるのが通常理論である．それを知るには

黒川信重・栗原将人・斎藤毅『数論II』岩波書店，2005年

の第9章を読まれたい．

歴史的な論文をあげておくと

H.Hamburger “Über die Riemannsche Funktionalgleichung der ζ -Funktion” Math.Z. **10**（1921）240-254

が研究を開始し，

E.Hecke “Über die Bestimmung Dirichletscher Reihen durch ihre Funktionalgleichung” Math.Ann. **112**（1936）664-699

によって正則保型形式（上半平面上）との関係に視野が広げられ

H.Maass “Über eine neue Art von nichtanalytischen Funktionen und die Bestimmung Dirichletscher Reihen durch Funktionalgleichungen” Math.Ann. **121**（1949）141-183

が非正則保型形式（上半平面上のマース波動形式）へと拡張した．たとえば，$a, b \in i\mathbb{R}$ に対して $\zeta_{\mathbb{Z}}(s-a)\zeta_{\mathbb{Z}}(s-b)$ を特徴付けるにはマース波動形式を用いることになる．

多変数保型形式との関連などについては報告

J.W.Cogdell and I.I.Piatetski-Shapiro "Converse theorems, functoriality, and applications to number theory" Proc.ICM (Beijing 2002) Vol II, p. 119-128 (arXiv : 0304230)

が見通し良い．

8.7　セルバーグゼータ版

種数 $g \geqq 2$ のコンパクトリーマン面 M のセルバーグ由来のゼータ関数は

$$\zeta_M(s) = \prod_{P \in \mathrm{Prim}(M)} (1 - N(P)^{-s})^{-1}$$

である．ここで，$\mathrm{Prim}(M)$ は M の素測地線全体で，各 $P \in \mathrm{Prim}(M)$ のノルム $N(P)$ は P の長さ $\mathrm{length}(P)$ によって

$$N(P) = \exp(\mathrm{length}(P))$$

と定める．

このとき，定理 A と定理 B（および拡張版）のセルバーグゼータ版は全く同じく成立する．たとえば，$a, b, c \in i\mathbb{R}$ に対してオイラー積

$$Z_M^{abc}(s) = \prod_{P \in \mathrm{Prim}(M)} (1 - (N(P)^a + N(P)^b) \cdot N(P)^{-s} + N(P)^{c-2s})^{-1}$$

を構成するとオイラー積の族

$$\mathscr{Z}_M^{ab} = \{Z_M^{abc}(s) \mid c \in i\mathbb{R}\} \ni \zeta_M(s-a)\zeta_M(s-b)$$

における $\zeta_M(s-a)\zeta_M(s-b)$ の剛性定理

$$Z_M^{abc}(s) : \mathbb{C} \text{ 上で有理型} \Longleftrightarrow a + b = c$$

が証明できる．用いるオイラー積原理は

N.Kurokawa "On the meromorphy of Euler products (II)" [オイラー積の有理型性 (II)] Proc.London Math.Soc. (3) **53** (1986) 209-236

の Theorem 9 (p. 232) である．

8.8　デデキントゼータ版

デデキントゼータ関数 $\zeta_F(s)$ から構成しても事情は同様である．ここで，F は有理数体 $\mathbb{Q}$ の有限次拡大体であり，

$$\zeta_F(s)=\prod_{P\in \mathrm{Specm}(\mathcal{O}_F)}(1-N(P)^{-s})^{-1}$$

である．ただし，$\mathrm{Specm}(\mathcal{O}_F)$ は F の整数環 $\mathcal{O}_F$ の極大イデアル全体である．たとえば，$a,b,c\in i\mathbb{R}$ に対して

$$Z_F^{abc}(s)=\prod_{P\in \mathrm{Specm}(\mathcal{O}_F)}(1-(N(P)^a+N(P)^b)\cdot N(P)^{-s}+N(P)^{c-2s})^{-1}$$

とするとオイラー積の族

$$\mathscr{Z}_F^{ab}=\{Z_F^{abc}(s)\,|\,c\in i\mathbb{R}\}\ni\zeta_F(s-a)\zeta_F(s-b)$$

における $\zeta_F(s-a)\zeta_F(s-b)$ の剛性定理

$$Z_F^{abc}(s):\mathbb{C}\text{ 上で有理型}\Longleftrightarrow a+b=c$$

を得る．必要となるオイラー積原理は論文 “On the meromorphy of Euler products（Ⅰ）”（1986）の §8 で証明されている．

8.9　オイラー基盤

一般のオイラー基盤 $E=(P,G,\alpha)$ に対して同様の剛性を研究することはとても面白いテーマである．

簡単な形に限定すると，$a,b,c\in i\mathbb{R}$ に対してオイラー積

$$Z_P^{abc}(s)=\prod_{p\in P}(1-(N(p)^a+N(p)^b)N(p)^{-s}+N(p)^{c-2s})^{-1}$$

を構成して，オイラー積の族

$$\mathscr{Z}_P^{ab}=\{Z_P^{abc}(s)\,|\,c\in i\mathbb{R}\}\ni\zeta_P(s-a)\zeta_P(s-b)$$

において $\zeta_P(s-a)\zeta_P(s-b)$ の剛性

$$\text{“}Z_P^{abc}(s):\mathbb{C}\text{ 上で有理型}\Longleftrightarrow a+b=c\text{”}$$

が成立するかどうかを調べることとなる．ただし，

$$\zeta_P(s)=\prod_{p\in P}(1-N(p)^{-s})^{-1}$$

である．

これまで述べてきたように，P として通常の素数全体 $\mathrm{Specm}(\mathbb{Z})$ を取った場合の定理A・定理B，デデキントゼータ版 $P=\mathrm{Prim}(\mathcal{O}_F)$，セルバーグゼータ版 $P=\mathrm{Prim}(M)$，どれも成立している．そこでの多項式は

$$H(T)=1-(\chi_a+\chi_b)T+\chi_c T^2\in 1+TR(\mathbb{R})[T]$$

である．必要なオイラー基盤は $E=(P,\mathbb{R},\alpha)$ であり，

$$\alpha:P\longrightarrow\mathbb{R}$$

は

$$\alpha(p)=\log N(P)$$

と定める．

もっと一般のオイラー基盤 $E=(P,G,\alpha)$ において考えるには "a,b,c" というパラメーターの代わりに表現の組にした方が良い．ここで，G は一般の位相群，

$$\begin{array}{ccc}\alpha:P & \longrightarrow & \mathrm{Conj}(G)\\ \Psi & & \Psi\\ p & \longmapsto & \alpha(p)\end{array}$$

である．

指標（1次元表現）に限定して最も簡単な場合に書けば，

$$H(T)\in 1+TR(G)[T]$$

を指標 $\chi_1,\chi_2,\chi_3\in\mathrm{Hom}(G,U(1))$ に対して

$$H(T)=1-(\chi_1+\chi_2)T+\chi_3 T^2$$

と定めたとき，オイラー積

$$
\begin{aligned}
Z_E(s;\chi_1,\chi_2,\chi_3) &= Z(s,E,H) \\
&= \prod_{p\in P} H_{\alpha(p)}(N(p)^{-s})^{-1} \\
&= \prod_{p\in P} \{1-(\chi_1(\alpha(p))+\chi_2(\alpha(p)))N(p)^{-s} \\
&\qquad +\chi_3(\alpha(p))N(p)^{-2s}\}^{-1}
\end{aligned}
$$

をオイラー積の族

$$\mathcal{Z}_E^{\chi_1\chi_2} = \{Z_E(s;\chi_1,\chi_2,\chi_3) \mid \chi_3 \in \mathrm{Hom}(G,U(1))\}$$

の中で考える．

ここで，剛性の研究対象となるのは $\mathcal{Z}_E^{\chi_1\chi_2}$ のメンバー

$$
\begin{aligned}
&Z_E(s;\chi_1,\chi_2,\chi_1\chi_2) \\
&= \prod_{p\in P} \{(1-\chi_1(\alpha(p))N(p)^{-s})(1-\chi_2(\alpha(p))N(p)^{-s})\}^{-1} \\
&= \zeta_E(s,\chi_1)\zeta_E(s,\chi_2)
\end{aligned}
$$

である．ただし，

$$\zeta_E(s,\chi) = \prod_{p\in P}(1-\chi(\alpha(p))N(p)^{-s})^{-1}$$

である．

このとき，剛性

$$\text{“}\ Z_E(s;\chi_1,\chi_2,\chi_3):\mathbb{C}\ \text{上で有理型} \Longleftrightarrow \chi_1\chi_2=\chi_3\text{”}$$

が成立するかどうかが問題となる．

ここまで拡張すると剛性が成立する場合も増えるが，それとともに不成立の場合も出て来て研究者として冥利に尽きる，ということになる．いろいろあって楽しいのである．その一端を次の節で紹介しよう．

8.10　ディリクレ指標版

ディリクレ指標版を考えてみよう．群 $G=(\mathbb{Z}/(N))^{\times}$ の既約表

現全体 $\hat{G}=\mathrm{Hom}(G,U(1))$ がディリクレ指標 $(\mathrm{mod}\,N)$ から成る．いま，$\chi_1,\chi_2\in\hat{G}$ に対して

$$
\begin{aligned}
&L(s,\chi_1)L(s,\chi_2)\\
&=\prod_{p\nmid N}\{(1-\chi_1(p)p^{-s})(1-\chi_2(p)p^{-s})\}^{-1}\\
&=\prod_{p\nmid N}\{1-(\chi_1(p)+\chi_2(p))p^{-s}+\chi_1(p)\chi_2(p)p^{-2s}\}^{-1}
\end{aligned}
$$

が剛性を持つかどうか見る．定理 A や定理 B に対応して

> **問題**　χ_1,χ_2,χ_3 をディリクレ指標とするときオイラー積
>
> $$Z(s;\chi_1,\chi_2,\chi_3)=\prod_{p\nmid N}\{1-(\chi_1(p)+\chi_2(p))p^{-s}+\chi_3(p)p^{-2s}\}^{-1}$$
>
> が $\mathbb{C}$ 上有理型かどうか調べよ．

を考えることになる．オイラー積の族

$$\mathscr{Z}(\chi_1,\chi_2)=\left\{Z(s;\chi_1,\chi_2,\chi_3)\,|\,\chi_3\in\hat{G}=\widehat{(\mathbb{Z}/(N))^{\times}}\right\}$$

において $L(s,\chi_1)L(s,\chi_2)\in\mathscr{Z}(\chi_1,\chi_2)$ が剛性を持っている（つまり，変形がない）とは

$$Z(s;\chi_1,\chi_2,\chi_3)\text{ が }\mathbb{C}\text{ 上有理型}\Longleftrightarrow\chi_1\chi_2=\chi_3$$

が成立することである（もちろん，$\Leftarrow$ はいつも成立）．同じことであるが，$L(s,\chi_1)L(s,\chi_2)$ が剛性を持たない（つまり，変形がある）とは

$$Z(s;\chi_1,\chi_2,\chi_3)\text{ が }\mathbb{C}\text{ 上有理型となる }\chi_3\neq\chi_1\chi_2\text{ が存在する}$$

ということを指している．

今の場合は，オイラー基盤 $E=(P,G,\alpha)$ は

$P=\{N$ の約数でない素数$\}$,

$G=(\mathbb{Z}/(N))^{\times}$,

$$
\begin{array}{ccc}
\alpha : P & \longrightarrow & \mathrm{Conj}(G) = G \\
\cup & & \cup \\
p & \longmapsto & p \bmod N
\end{array}
$$

であることを確認しておくと前節の一般的状況の特別な場合であることがはっきりするであろう．

オイラー積は多項式 $H(T) \in 1 + TR(G)[T]$ に対して

$$
Z(s, E, H) = \prod_{p \nmid N} H_{\alpha(p)}(p^{-s})^{-1}
$$

となる．この場合にはオイラー積原理が成立しているので

定理

(1) $\gamma(H) = 1$（H : 有限型）$\Longleftrightarrow Z(s, E, H) : \mathbb{C}$ 上で有理型.

(2) $\gamma(H) > 1$（H : 無限型）$\Longleftrightarrow Z(s, E, H) : \mathrm{Re}(s) > 0$ で有理型で $\mathrm{Re}(s) = 0$ は自然境界.

を得る．

したがって，上に書いた問題は

$$
H(T) = 1 - (\chi_1 + \chi_2) T + \chi_3 T^2 \in 1 + TR(G)[T]
$$

に対して $\gamma(H) = 1$ となるかどうかを判定すれば良い．もちろん，このときにオイラー積は

$$
Z(s, E, H) = Z(s; \chi_1, \chi_2, \chi_3)
$$

である．つまり，

$$
\begin{aligned}
&L(s, \chi_1) L(s, \chi_2) \text{ : 剛性を持つ} \\
&\Longleftrightarrow \gamma(H) = 1 \text{ となる } \chi_3 \text{ は } \chi_1 \chi_2 \text{ のみ}
\end{aligned}
$$

となる．

練習問題3　$L(s,\ \mathbb{1})^2$ は剛性を持つことを示せ．

解答　はじめに

$$
\begin{aligned}
L(s,\ \mathbb{1}) &= \prod_{p \nmid N} (1-p^{-s})^{-1} \\
&= \zeta_{\mathbb{Z}}(s) \prod_{p \mid N} (1-p^{-s})
\end{aligned}
$$

であることに注意しておく．

いま，話をわかりやすくするために

$$H(T) = 1-(\chi_1+\chi_2)T+\chi_3 T^2$$

としたとき

$$\gamma(\chi_1, \chi_2, \chi_3) = \gamma(H)$$

とおく．この練習問題では

$$H(T) = 1-2T+\chi_3 T^2$$

であり，示すべきことは

$$\gamma(\mathbb{1}, \mathbb{1}, \chi_3) = 1 \iff \chi_3 = \mathbb{1}$$

である．$\Leftarrow$ は当たり前であり，$\Rightarrow$ を示せばよい．

そこで，$\gamma(\mathbb{1}, \mathbb{1}, \chi_3) = 1$ とすると，$g \in G = (\mathbb{Z}/(N))^\times$ に対して

$$H_g(T) = (1-e^{i\theta_1(g)}T)(1-e^{i\theta_2(g)}T)$$

となる $\theta_j : G \to \mathbb{R}$ が存在する．このとき，

$$H_g(T) = 1-(e^{i\theta_1(g)}+e^{i\theta_2(g)})T+e^{i(\theta_1(g)+\theta_2(g))}T^2$$

かつ

$$H_g(T) = 1-2T+\chi_3(g)T^2$$

であるから

$$
\begin{cases}
e^{i\theta_1(g)}+e^{i\theta_2(g)} = 2, \\
\quad e^{i(\theta_1(g)+\theta_2(g))} = \chi_3(g)
\end{cases}
$$

である．すると，第1の等式から

$$e^{i\theta_1(g)} = e^{i\theta_2(g)} = 1$$

でなければならず，したがって，第 2 の等式から

$$\chi_3(g) = 1 \quad (g \in G)$$

となる．よって，$\chi_3 = \mathbb{1}$ である．　**（解答終）**

このようにして，任意の N に対して $L(s,\ \mathbb{1})^2$ は剛性を持つことがわかった．それでは，剛性を持たない $L(s, \chi_1)L(s, \chi_2)$ は宿題としよう．あまり難しくはないので考えてみてほしい．

第9章 $\gamma(H)$ の研究

オイラー積原理はオイラー基盤 $E=(P,G,\alpha)$ と多項式 $H(T)\in 1+TR(G)[T]$ から構成されたオイラー積 $Z(s,E,H)$ の解明が中心課題である．それは，H が有限型か無限型かによって大きく変化する．その判別は $\gamma(H)=1$ か $\gamma(H)>1$ かということが鍵となっている．

ここでは $\gamma(H)$ の値そのものについて考えてみよう．とくに，代数的整数となるかどうかを調べよう．

9.1 宿題の話

前章はオイラー積が剛性を持つか否かの計算例をしていて，不成立の場合を考えることは宿題となった．ここからやってみよう．問題は，$\mathrm{mod}\,N$ のディリクレ指標 χ_1,χ_2,χ_3 に対して

$$H(T)=1-(\chi_1+\chi_2)T+\chi_3T^2\in 1+TR(G)[T]$$

としたとき $(G=(\mathbb{Z}/(N))^{\times})$，

$$\gamma(\chi_1,\chi_2,\chi_3)=\gamma(H)$$

を計算することであり，$L(s,\chi_1)L(s,\chi_2)$ の剛性と同値な

$$\text{“}\gamma(\chi_1,\chi_2,\chi_3)=1\Longleftrightarrow \chi_1\chi_2=\chi_3\text{”}$$

が成立するかどうかを調べることであった．

練習問題1　$N=4$ とする.

(1) $\gamma(\chi_1,\chi_2,\chi_3)$ を求めよ.

(2) $\gamma(\chi_1,\chi_2,\chi_3)=1$ となる場合を列挙せよ.

(3) $L(s,\chi_1)L(s,\chi_2)$ が剛性を持つかどうか調べよ.

解答

(1) $G=(\mathbb{Z}/(4))^{\times}=\{1,3\}$ は位数2の乗法群で $\hat{G}=\{\mathbb{1},\chi\}$ となる. ここで, $\chi(1)=1$, $\chi(3)=-1$. 場合を分類して $\gamma(\chi_1,\chi_2,\chi_3)$ を計算する.

(a) $\gamma(\mathbb{1},\mathbb{1},\mathbb{1})$:

$H(T)=1-2T+T^2$ であるから

$$\begin{cases} H_1(T)=1-2T+T^2=(1-T)^2, \\ H_3(T)=1-2T+T^2=(1-T)^2 \end{cases}$$

より $\gamma(\mathbb{1},\mathbb{1},\mathbb{1})=1$.

(b) $\gamma(\mathbb{1},\mathbb{1},\chi)$:

$H(T)=1-2T+\chi T^2$ だから

$$\begin{cases} H_1(T)=1-2T+T^2=(1-T)^2, \\ H_3(T)=1-2T-T^2 \\ \qquad\quad =(1-(1+\sqrt{2})T)(1-(1-\sqrt{2})T) \end{cases}$$

より $\gamma(\mathbb{1},\mathbb{1},\chi)=1+\sqrt{2}$.

(c) $\gamma(\mathbb{1},\chi,\mathbb{1})=\gamma(\chi,\mathbb{1},\mathbb{1})$:

$H(T)=1-(1+\chi)T+T^2$ だから

$$\begin{cases} H_1(T)=1-2T+T^2=(1-T)^2, \\ H_3(T)=1+T^2=(1-iT)(1+iT) \end{cases}$$

より $\gamma(\mathbb{1},\chi,\mathbb{1})=\gamma(\chi,\mathbb{1},\mathbb{1})=1$.

(d) $\gamma(\mathbb{1},\chi,\chi)=\gamma(\chi,\mathbb{1},\chi)$:

$H(T)=1-(1+\chi)T+\chi T^2$ だから

$$\begin{cases} H_1(T) = 1-2T+T^2 = (1-T)^2, \\ H_3(T) = 1-T^2 = (1-T)(1+T) \end{cases}$$

より $\gamma(\mathbb{1}, \chi, \chi) = \gamma(\chi, \mathbb{1}, \chi) = 1$.

(e)　$\gamma(\chi, \chi, \mathbb{1})$：

$H(T) = 1-2\chi T + T^2$ だから

$$\begin{cases} H_1(T) = 1-2T+T^2 = (1-T)^2, \\ H_3(T) = 1+2T+T^2 = (1+T)^2 \end{cases}$$

より $\gamma(\chi, \chi, \mathbb{1}) = 1$.

(f)　$\gamma(\chi, \chi, \chi)$:

$H(T) = 1-2\chi T + \chi T^2$ だから

$$\begin{cases} H_1(T) = 1-2T+T^2 = (1-T)^2, \\ H_3(T) = 1+2T-T^2 \\ \qquad\quad = (1-(-1-\sqrt{2})T)(1-(-1+\sqrt{2})T) \end{cases}$$

より $\gamma(\chi, \chi, \chi) = 1+\sqrt{2}$.

(2) 上の計算より $\gamma(\chi_1, \chi_2, \chi_3) = 1$ となるのは

$$(\chi_1, \chi_2, \chi_3) = (\mathbb{1}, \mathbb{1}, \mathbb{1}), (\mathbb{1}, \chi, \mathbb{1}), (\chi, \mathbb{1}, \mathbb{1}),$$
$$(\mathbb{1}, \chi, \chi), (\chi, \mathbb{1}, \chi), (\chi, \chi, \mathbb{1})$$

の 6 通り．ちなみに，これ以外の場合は

$$\gamma(\mathbb{1}, \mathbb{1}, \chi) = 1+\sqrt{2} = \gamma(\chi, \chi, \chi).$$

(3) 与えられた χ_1, χ_2 に対して

$$\gamma(\chi_1, \chi_2, \chi_3) = 1 \Longleftrightarrow \chi_1\chi_2 = \chi_3$$

が成立する場合が $L(s, \chi_1)L(s, \chi_2)$ が剛性を持つ場合である．

それは上の結果から $L(s, \mathbb{1})^2$ と $L(s, \chi)^2$ である．実際，

$$(\chi_1, \chi_1) = (\mathbb{1}, \mathbb{1}),\ (\chi, \chi)$$

のとき，$\gamma(\chi_1, \chi_2, \chi_3) = 1$ となる χ_3 は $\chi_1\chi_2$ のみとなってい

る．

一方，$L(s,\mathbb{1})L(s,\chi)=L(s,\chi)L(s,\mathbb{1})$ の場合は

$$(\chi_1,\chi_2)=(\mathbb{1},\chi),\ (\chi,\mathbb{1})$$

であり，$\gamma(\chi_1,\chi_2,\chi_3)=1$ となる χ_3 としては $\chi=\chi_1\chi_2$ 以外に $\mathbb{1}$ もある．　　**（解答終）**

同様の計算は，もっと一般の N でもできる．とくに，$N\geqq 3$ のときは位数2の指標（実指標）$\chi\in\hat{G}$ が存在して，$L(s,\mathbb{1})L(s,\chi)$ は剛性を持っていないことがわかる．標準的な $\chi_1\chi_2=\chi_3$ をみたしている

$$\begin{aligned}H(T)&=1-(1+\chi)T+\chi T^2\\&=(1-T)(1-\chi T)\end{aligned}$$

に対しては $\gamma(H)=1$ であるが，それのみではなく，$\chi_1\chi_2\neq\chi_3$ となる

$$H(T)=1-(1+\chi)T+T^2$$

の場合も $\gamma(H)=1$ である．実際，$g\in G$ に対して

$$\begin{aligned}H_g(T)&=1-(1+\chi(g))T+T^2\\&=\begin{cases}(1-T)^2\cdots\chi(g)=1,\\(1-iT)(1+iT)\cdots\chi(g)=-1\end{cases}\end{aligned}$$

より $\gamma(H)=1$ とわかる．この場合は有限積表示

$$H(T)=(1-T)(1-\chi T)(1-T^2)^{-1}(1-\chi T^2)$$

からも $\gamma(H)=1$ とわかる．

9.2 $\gamma(a,b,c)$

$G=\mathbb{R}$ の場合を考えよう．$a,b,c\in i\mathbb{R}$ に対して

$$H^{abc}(T)=1-(\chi_a+\chi_b)T+\chi_c T^2$$

とする．ただし，$\chi_a(x)=e^{ax}$ $(x\in\mathbb{R})$ である．

いま，簡単のため $\gamma(a,b,c)=\gamma(H^{abc})$ とおくと

$$\gamma(a,b,c)=\begin{cases}1 & \cdots\ a+b=c,\\ 1\text{より大} & \cdots\ a+b\neq c\end{cases}$$

となることを，前章で示した（§8.3の練習問題1）．そのときは，$\gamma(a,b,c)>1$ となる具体的な値は求めていなかったので，簡単な場合をここでやっておこう．

練習問題 2 $\gamma(0,0,c)=\begin{cases}1 & \cdots\ c=0,\\ 1+\sqrt{2} & \cdots\ c\neq 0\end{cases}$

を示せ．

解答 まず，一般的に不等式

$$\gamma(a,b,c)\leqq 1+\sqrt{2}$$

が成立することを示しておく．因数分解によって

$$\begin{aligned}H_x^{abc}(T)&=1-(e^{ax}+e^{bx})T+e^{cx}T^2\\&=\left(1-\left(\frac{e^{ax}+e^{bx}}{2}+v(x)\right)T\right)\cdot\left(1-\left(\frac{e^{ax}+e^{bx}}{2}-v(x)\right)T\right)\end{aligned}$$

となるので

$$\gamma(a,b,c)=\sup\left\{\left|\frac{e^{ax}+e^{bx}}{2}\pm v(x)\right|\ \middle|\ x\in\mathbb{R}\right\}$$

である．ここで，

$$e^{cx}=\left(\frac{e^{ax}+e^{bx}}{2}\right)^2-v(x)^2$$

より

$$v(x)^2=\left(\frac{e^{ax}+e^{bx}}{2}\right)^2-e^{cx}$$

となるので，絶対値を見て

$$|v(x)|^2 \leqq \left(\frac{|e^{ax}|+|e^{bx}|}{2}\right)^2+|e^{cx}|$$

$$=\left(\frac{1+1}{2}\right)^2+1=2$$

から $|v(x)|\leqq\sqrt{2}$ となる．したがって，

$$\left|\frac{e^{ax}+e^{bx}}{2}\pm v(x)\right|\leqq\frac{|e^{ax}|+|e^{bx}|}{2}+|v(x)|$$

$$\leqq 1+\sqrt{2}$$

となるので，$\gamma(a,b,c)\leqq 1+\sqrt{2}$ がわかる．

さて，$a=b=0$ の場合に限定すると，上の通り $\gamma(0,0,c)\leqq 1+\sqrt{2}$ となる．さらに，$c=0$ のときは $H^{000}(T)=(1-T)^2$ より $\gamma(0,0,0)=1$ はわかっている．よって，$c\neq 0$ のときに $\gamma(0,0,c)\geqq 1+\sqrt{2}$ であることを示せば $\gamma(0,0,c)=1+\sqrt{2}$ がわかる．

そこで，$c=i\lambda$ $(\lambda\in\mathbb{R}-\{0\})$ とおくと

$$H_x^{00c}(T)=1-2T+e^{i\lambda x}T^2$$

であるから $x=\pi/\lambda$ のとき $e^{i\lambda x}=-1$ より

$$\begin{aligned}H_{\pi/\lambda}^{00c}(T)&=1-2T-T^2\\&=(1-(1+\sqrt{2})T)(1-(1-\sqrt{2})T)\end{aligned}$$

となって，

$$\gamma(0,0,c)\geqq 1+\sqrt{2}$$

がわかる．したがって，$c\neq 0$ のときは

$$\gamma(0,0,c)=1+\sqrt{2}$$

である．　**（解答終）**

この結果から，$\gamma(0,0,c)$ は c の関数としては $c=0$ において不連続となっていることに注意されたい．一般の $\gamma(a,b,c)$ も計算

してほしい.

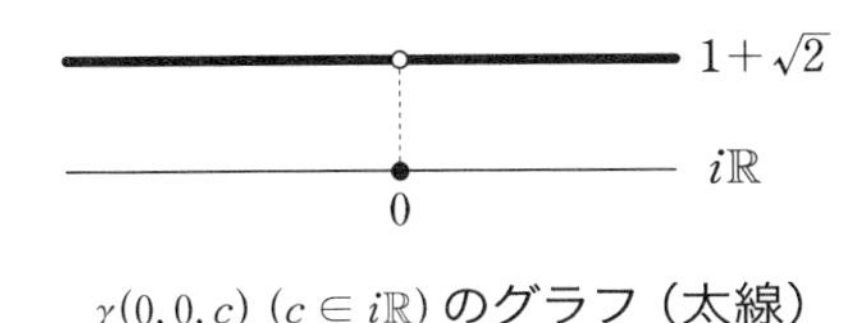

$\gamma(0,0,c)$ $(c\in i\mathbb{R})$ のグラフ（太線）

9.3 $\gamma(\chi_1, \chi_2, \chi_3)$

一般の位相群 G と指標

$$\chi_1, \chi_2, \chi_3 \in \mathrm{Hom}(G, U(1))$$

に対して

$$H(T) = 1 - (\chi_1 + \chi_2)T + \chi_3 T^2 \in 1 + TR(G)[T]$$

を考え

$$\gamma(\chi_1, \chi_2, \chi_3) = \gamma(H)$$

とおく.

練習問題 3

$$1 \leqq \gamma(\chi_1, \chi_2, \chi_3) \leqq 1 + \sqrt{2}$$

を示せ.

解答 まず, $\gamma(\chi_1, \chi_2, \chi_3) \geqq 1$ は一般論（詳しくは“On the meromorphy of Euler products（Ⅰ）”）から従う. 不等式

$$\gamma(\chi_1, \chi_2, \chi_3) \leqq 1 + \sqrt{2}$$

を示すには練習問題 2 の前半の方法を使う.

各 $g \in G$ に対して

$$H_g(T) = 1 - (\chi_1(g) + \chi_2(g))T + \chi_3(g)T^2$$

であり, $|\chi_1(g)| = |\chi_2(g)| = |\chi_3(g)| = 1$ が成立する（$\chi_1(g)$, $\chi_2(g)$,

$\chi_3(g)$ は $U(1)$ の元).

そこで,

$$H_g(T)=\left(1-\left(\frac{\chi_1(g)+\chi_2(g)}{2}+v(g)\right)T\right)\cdot \left(1-\left(\frac{\chi_1(g)+\chi_2(g)}{2}-v(g)\right)T\right)$$

と因数分解すると

$$\gamma(\chi_1,\chi_2,\chi_3) = \sup\left\{\left|\frac{\chi_1(g)+\chi_2(g)}{2}\pm v(g)\right| \,\middle|\, g\in G\right\}$$

であり,

$$\left(\frac{\chi_1(g)+\chi_2(g)}{2}\right)^2-v(g)^2=\chi_3(g)$$

となる. よって,

$$v(g)^2=\left(\frac{\chi_1(g)+\chi_2(g)}{2}\right)^2-\chi_3(g)$$

から

$$|v(g)|^2\leqq\left(\frac{|\chi_1(g)|+|\chi_2(g)|}{2}\right)^2+|\chi_3(g)|=2.$$

したがって,

$$|v(g)|\leqq\sqrt{2}\quad (g\in G)$$

となる.

このようにして

$$\left|\frac{\chi_1(g)+\chi_2(g)}{2}\pm v(g)\right|\leqq\frac{|\chi_1(g)|+|\chi_2(g)|}{2}+|v(g)|\leqq 1+\sqrt{2}$$

がわかるので, $\gamma(\chi_1,\chi_2,\chi_3)\leqq 1+\sqrt{2}$ を得る.

(解答終)

9.4　自明群

自明群 $G=\{1\}$ の場合は $R(G)=\mathbb{Z}$ であるから

$$H(T)\in 1+T\mathbb{Z}[T]$$

を $\gamma_1,\cdots,\gamma_r\in\mathbb{C}^\times$ によって因数分解して

$$H(T)=(1-\gamma_1 T)\cdots(1-\gamma_r T)$$

としたときの

$$\gamma(H)=\max\{|\gamma_1|,\cdots,|\gamma_r|\}$$

が考察の対象である．

練習問題 4

代数的整数環を $\overline{\mathbb{Z}}$ とするとき

$$\gamma(H)\in\overline{\mathbb{Z}}\cap[1,\infty)$$

を示せ．

解答

$$H(T)=1+h_1T+\cdots+h_rT^r\in 1+T\mathbb{Z}[T]$$

とする $(h_r\neq 0)$ と，$\gamma_1,\cdots,\gamma_r$ は $\mathbb{Z}$ 係数のモニック多項式

$$(X-\gamma_1)\cdots(X-\gamma_r)=X^r+h_1X^{r-1}+\cdots+h_r\in\mathbb{Z}[X]$$

の零点であるので $\gamma_1,\cdots,\gamma_r\in\overline{\mathbb{Z}}$ とわかる．したがって，それらの絶対値 $|\gamma_1|,\cdots,|\gamma_r|$ も代数的整数である（α が代数的整数なら複素共役 $\overline{\alpha}$ も代数的整数であり，絶対値 $|\alpha|$ は $X^2-\alpha\overline{\alpha}\in\overline{\mathbb{Z}}[X]$ の零点なので代数的整数）．

なお，$\gamma(H)\geqq 1$ は一般論の通りであるが，今の場合は

$$\gamma(H)^r\geqq|\gamma_1|\cdots|\gamma_r|=|\gamma_1\cdots\gamma_r|=|h_r|\geqq 1$$

から直ちにわかる．　**（解答終）**

モジュラー群 $SL(2,\mathbb{Z})=\left\{\begin{pmatrix}a&b\\c&d\end{pmatrix}\middle|\,ad-bc=1\right\}$ はセルバーグゼー

タ関数の研究や保型形式論で重要な群である．自明群の $\gamma(H)$ との関連を見てみよう．

練習問題5　モジュラー群 $SL(2,\mathbb{Z})$ の元 $\begin{pmatrix} a & b \\ c & d \end{pmatrix}$ に対して

$$H(T) = \det\left(1 - \begin{pmatrix} a & b \\ c & d \end{pmatrix} T\right)$$
$$= 1-(a+d)T + T^2 \in 1 + T\mathbb{Z}[T]$$

とおくと

$$\gamma(H) = \sqrt{N\begin{pmatrix} a & b \\ c & d \end{pmatrix}}$$

が成立することを示せ．ただし，$N\begin{pmatrix} a & b \\ c & d \end{pmatrix}$ はセルバーグゼータ関数論で使われるノルムである．

解答　$\begin{pmatrix} a & b \\ c & d \end{pmatrix}$ の固有値（$\mathbb{C}$ 内）を α, β とする（$\alpha\beta = 1$, $\alpha + \beta = a + d$）と

$$N\begin{pmatrix} a & b \\ c & d \end{pmatrix} = \max\{|\alpha|^2, |\beta|^2\} \geqq 1$$

がセルバーグのノルムである．一方，このとき

$$H(T) = 1-(a+d)T + T^2 = (1-\alpha T)(1-\beta T)$$

であるから，

$$\gamma(H) = \max\{|\alpha|, |\beta|\} \geqq 1$$

より

$$\gamma(H) = \sqrt{N\begin{pmatrix} a & b \\ c & d \end{pmatrix}}$$

が成立することがわかる．　**（解答終）**

$\begin{pmatrix} a & b \\ c & d \end{pmatrix}$ は $|\mathrm{trace}| = |a+d|$ によって，

$$\begin{pmatrix} a & b \\ c & d \end{pmatrix} : \text{双曲型} \Longleftrightarrow |\mathrm{trace}| > 2,$$

$$\begin{pmatrix} a & b \\ c & d \end{pmatrix} : \text{楕円型} \Longleftrightarrow |\mathrm{trace}| < 2$$

と分類される．セルバーグゼータ関数のオイラー積において活躍するのは双曲型である（楕円型はガンマ因子に寄与する）．固定点による分類にもなっている．$\gamma(H)$ の例をあげておこう．

例 1 （双曲型）

$$H(T) = \det\left(1 - \begin{pmatrix} 1 & 1 \\ 1 & 2 \end{pmatrix} T\right)$$

とすると

$$\begin{aligned} H(T) &= 1 - 3T + T^2 \\ &= \left(1 - \frac{3+\sqrt{5}}{2} T\right)\left(1 - \frac{3-\sqrt{5}}{2} T\right) \end{aligned}$$

より

$$\gamma(H) = \frac{3+\sqrt{5}}{2}$$

である．また，

$$N\begin{pmatrix} 1 & 1 \\ 1 & 2 \end{pmatrix} = \frac{7+3\sqrt{5}}{2} = \gamma(H)^2$$

であり．さらに，$\begin{pmatrix} a & b \\ c & d \end{pmatrix} \cdot z = \dfrac{az+b}{cz+d}$ という作用での固定点を求めると，$\begin{pmatrix} 1 & 1 \\ 1 & 2 \end{pmatrix}$ のときは

$$\begin{pmatrix} 1 & 1 \\ 1 & 2 \end{pmatrix} \cdot z = \frac{z+1}{z+2}$$

だから，固定点 z の条件

$$\frac{z+1}{z+2} = z$$

を解いて，$z=\dfrac{-1\pm\sqrt{5}}{2}$（実数）である．

例 2（楕円型）

$$H(T)=\det\left(1-\begin{pmatrix}0 & -1\\ 1 & 0\end{pmatrix}T\right)$$

とすると

$$H(T)=1+T^2=(1-iT)(1+iT)$$

より

$$\gamma(H)=1$$

である．また，

$$N\begin{pmatrix}0 & -1\\ 1 & 0\end{pmatrix}=\gamma(H)^2=1$$

である．さらに，$\begin{pmatrix}0 & -1\\ 1 & 0\end{pmatrix}$ の固定点 z を求めると，条件

$$\begin{pmatrix}0 & -1\\ 1 & 0\end{pmatrix}\cdot z=z$$

つまり

$$-\frac{1}{z}=z$$

を解いて $z=\pm i$（虚数）である．

9.5　代数的整数でない $\gamma(H)$

これまであげた例では $\gamma(H)$ は代数的整数になっていたので，読者が $\gamma(H)$ はいつでも代数的整数と思いこむかも知れない．

練習問題 6　代数的整数ではない $\gamma(H)$ の例をあげよ．

解答　位相群 G と $H(T) \in 1+TR(G)[T]$ に対して $\gamma(H)$ が代数的整数でない明示例を見つけよう．

計算を簡単にするために 1 次の多項式

$$H(T) = 1 - hT \in 1 + TR(G)[T]$$

を考える．ここで，$h \in R(G) - \{0\}$．すると

$$\gamma(H) = \sup\{|h(g)| \mid g \in G\} = \|h\|$$

となる．

そこで，具体例を与えるために $G = \mathbb{R}$ とし，

$$h = \chi_0 - \chi_i - \chi_{2i} + \chi_{3i} = (\chi_0 - \chi_i)(\chi_0 - \chi_{2i})$$

とおく．ここで，前からの記号の通り χ_a $(a \in i\mathbb{R})$ は

$$\chi_a(x) = e^{ax} \quad (x \in \mathbb{R})$$

という指標である．

このとき，$x \in \mathbb{R}$ に対して

$$\begin{aligned} h(x) &= 1 - e^{ix} - e^{2ix} + e^{3ix} \\ &= e^{i\frac{3x}{2}}(e^{i\frac{3x}{2}} + e^{-i\frac{3x}{2}} - e^{i\frac{x}{2}} - e^{-i\frac{x}{2}}) \\ &= 2e^{i\frac{3x}{2}}\left(\cos\left(\frac{3x}{2}\right) - \cos\left(\frac{x}{2}\right)\right) \end{aligned}$$

なので

$$|h(x)| = 2\left|\cos\left(\frac{3x}{2}\right) - \cos\left(\frac{x}{2}\right)\right|$$

となり

$$\gamma(H) = \|h\| = \sup\left\{2\left|\cos\left(\frac{3x}{2}\right) - \cos\left(\frac{x}{2}\right)\right| \,\middle|\, x \in \mathbb{R}\right\}$$

である．ここで，3 倍角の公式より

$$\cos\left(\frac{3x}{2}\right) = 4\cos^3\left(\frac{x}{2}\right) - 3\cos\left(\frac{x}{2}\right)$$

であるから，$u = 2\cos\left(\dfrac{x}{2}\right)$ とおくと

$$\begin{aligned} \gamma(H) = \|h\| &= \sup\{|u^3 - 4u| \mid -2 \leqq u \leqq 2\} \\ &= \frac{16}{3\sqrt{3}} = \frac{16\sqrt{3}}{9} \end{aligned}$$

となる．したがって，$\gamma(H) \notin \overline{\mathbb{Z}}$ である．　**（解答終）**

9.6　SU(2)

$\gamma(H)=16/3\sqrt{3}$ という前節の結果は，意外なことに，$G=\mathrm{SU}(2)$ の場合にも表れるので注意しておこう．多項式

$$H(T)=1-hT\in 1+TR(\mathrm{SU}(2))[T],$$
$$h=2\,\mathrm{trace}(\mathrm{Sym}^1)-\mathrm{trace}(\mathrm{Sym}^3)$$

を考える．ここで，$m=0,1,2,\cdots$ に対して

$$\mathrm{Sym}^m:\mathrm{SU}(2)\longrightarrow \mathrm{SU}(m+1)$$

は $m+1$ 次元の既約ユニタリ表現である．h は

$$\begin{array}{ccc} \mathrm{Conj}(SU(2)) & = & [0,\pi] \\ \Cup & & \Cup \\ \left[\begin{pmatrix} e^{i\theta} & 0 \\ 0 & e^{-i\theta}\end{pmatrix}\right] & \longleftrightarrow & \theta \end{array}$$

上の関数と見ることができて

$$\begin{aligned} h(\theta) &= 2\cdot\mathrm{trace}\begin{pmatrix} e^{i\theta} & 0 \\ 0 & e^{-i\theta}\end{pmatrix}-\mathrm{trace}\begin{pmatrix} e^{3i\theta} & 0 & 0 & 0 \\ 0 & e^{i\theta} & 0 & 0 \\ 0 & 0 & e^{-i\theta} & 0 \\ 0 & 0 & 0 & e^{-3i\theta}\end{pmatrix} \\ &= 2(2\cos\theta)-(2\cos 3\theta+2\cos\theta) \\ &= 2\cos\theta-2\cos 3\theta \end{aligned}$$

である．よって，

$$\begin{aligned} \gamma(H)=\|h\| &= \sup\{|h(\theta)|\,|\,\theta\in[0,\pi]\} \\ &= \max\{|2\cos\theta-2\cos 3\theta|\,|\,\theta\in[0,\pi]\} \\ &= \frac{16}{3\sqrt{3}} \end{aligned}$$

を得る．

このように，群が違っても，実質的に同じ計算になるのは興味深いことである．しかも，今の場合には非コンパクト群・アーベル群 $\mathbb{R}$ とコンパクト群・非アーベル群 SU(2) という対照的な群であるからなおさらである．

9.7　第3章の宿題のヒント

第3章の宿題はオイラー関数 $\varphi(n)$ から作られるディリクレ級数 $\sum_{n=1}^{\infty}\varphi(n)^m n^{-s}$ が $m \geqq 2$ のとき $\mathrm{Re}(s) > m-1$ で有理型関数となり自然境界 $\mathrm{Re}(s) = m-1$ を持つことの証明を考えよ，というものであった．ヒントとなる具体的計算をあげておこう．

まず，$m=1,2,3,\cdots$ に対して $\sum_{n=1}^{\infty}\varphi(n)^m n^{-s}$ を計算すると

$$\sum_{n=1}^{\infty}\varphi(n)n^{-s} = \frac{\zeta_{\mathbb{Z}}(s-1)}{\zeta_{\mathbb{Z}}(s)},$$

$$\sum_{n=1}^{\infty}\varphi(n)^2 n^{-s} = \zeta_{\mathbb{Z}}(s-2)\prod_{p}\{1-(2p-1)p^{-s}\},$$

$$\sum_{n=1}^{\infty}\varphi(n)^3 n^{-s} = \zeta_{\mathbb{Z}}(s-3)\prod_{p}\{1-(3p^2-3p+1)p^{-s}\},$$

$$\sum_{n=1}^{\infty}\varphi(n)^4 n^{-s} = \zeta_{\mathbb{Z}}(s-4)\prod_{p}\{1-(4p^3-6p^2+4p-1)p^{-s}\},$$

$$\sum_{n=1}^{\infty}\varphi(n)^5 n^{-s} = \zeta_{\mathbb{Z}}(s-5)\cdot\prod_{p}\{1-(5p^4-10p^3+10p^2-5p+1)p^{-s}\},$$

$$\sum_{n=1}^{\infty}\varphi(n)^6 n^{-s} = \zeta_{\mathbb{Z}}(s-6)\cdot \prod_{p}\{1-(6p^5-15p^4+20p^3-15p^2+6p-1)p^{-s}\},$$

$$\sum_{n=1}^{\infty}\varphi(n)^7 n^{-s} = \zeta_{\mathbb{Z}}(s-7)\cdot\prod_{p}\{1-(7p^6-21p^5+35p^4 -35p^3+21p^2-7p+1)p^{-s}\}$$

のようになる．実際，$\varphi(n)^m$ は乗法的関数なので

$$\begin{aligned}\sum_{n=1}^{\infty}\varphi(n)n^{-s} &= \prod_{p}\left(\sum_{k=0}^{\infty}\varphi(p^k)p^{-ks}\right)\\ &= \prod_{p}\left(1+\sum_{k=1}^{\infty}\left(1-\frac{1}{p}\right)p^k\cdot p^{-ks}\right)\\ &= \prod_{p}\frac{1-p^{-s}}{1-p^{1-s}}\\ &= \frac{\zeta_{\mathbb{Z}}(s-1)}{\zeta_{\mathbb{Z}}(s)}\end{aligned}$$

となり，$m \geqq 2$ のときは

$$\begin{aligned}\sum_{n=1}^{\infty}\varphi(n)^m n^{-s} &= \prod_p\left(\sum_{k=0}^{\infty}\varphi(p^k)^m p^{-ks}\right)\\ &= \prod_p\left(1+\left(1-\frac{1}{p}\right)^m\sum_{k=1}^{\infty}p^{mk}\cdot p^{-ks}\right)\\ &= \prod_p\left\{1+\left(\frac{p-1}{p}\right)^m\frac{p^{m-s}}{1-p^{m-s}}\right\}\\ &= \prod_p\frac{1+\displaystyle\sum_{j=0}^{m-1}(-1)^{m-j}\binom{m}{j}p^{j-s}}{1-p^{m-s}}\\ &= \zeta_{\mathbb{Z}}(s-m)\prod_p\left\{1-\left(\sum_{j=0}^{m-1}(-1)^{m-j-1}\binom{m}{j}p^{j-s}\right)\right\}\end{aligned}$$

となる．

比較のために類似の $\displaystyle\sum_{n=1}^{\infty}\varphi(n^m)n^{-s}$ を考えてみると，

$$\sum_{n=1}^{\infty}\varphi(n^m)n^s = \frac{\zeta_{\mathbb{Z}}(s-m)}{\zeta_{\mathbb{Z}}(s-(m-1))}\quad (m=1,2,3,\cdots)$$

となり，$\mathbb{C}$ 上で有理型となる．計算も簡単であり，

$$\begin{aligned}\sum_{n=1}^{\infty}\varphi(n^m)n^{-s} &= \prod_p\left(\sum_{k=0}^{\infty}\varphi(p^{mk})p^{-ks}\right)\\ &= \prod_p\left(1+\left(1-\frac{1}{p}\right)\sum_{k=1}^{\infty}p^{mk}\cdot p^{-ks}\right)\\ &= \prod_p\frac{1-p^{(m-1)-s}}{1-p^{m-s}}\\ &= \frac{\zeta_{\mathbb{Z}}(s-m)}{\zeta_{\mathbb{Z}}(s-(m-1))}\end{aligned}$$

とわかる．

より一般に $\displaystyle\sum_{n=1}^{\infty}\varphi(n)^m n^{-s}$ を考えるには，$\mathbb{Z}$ 上の代数的集合 X に対する井草ゼータ関数

$$\sum_{n=1}^{\infty}|X(\mathbb{Z}/n\mathbb{Z})|n^{-s}$$

を調べるとよい．これは，井草準一先生が創始されたゼータ関数論であり，

$$X = GL(1)^m = \overbrace{GL(1) \times \cdots \times GL(1)}^{m\text{個}}$$

の場合がちょうど

$$\sum_{n=1}^{\infty} \varphi(n)^m n^{-s}$$

となっている．

これらの井草ゼータ関数の解析性の研究は

N.Kurokawa “Analyticity of Dirichlet series over prime powers” Springer Lecture Notes in Math.**1434**（Tokyo 1988）168-177

が明確に書かれていておすすめしたい．

オイラー積原理の動機となった問題は，これまで述べてきた通り

「$\displaystyle\sum_{n=1}^{\infty} a_j(n) n^{-s}$ $(j=1,\cdots,r)$ が $\mathbb{C}$ 上で有理型なら

$\displaystyle\sum_{n=1}^{\infty} a_1(n) \cdots a_r(n) n^{-s}$ も $\mathbb{C}$ 上で有理型か？」

であった．その特別な場合（$a_1(n) = \cdots = a_r(n) = a(n)$）として

「$\displaystyle\sum_{n=1}^{\infty} a(n) n^{-s}$ が $\mathbb{C}$ 上で有理型なら

$\displaystyle\sum_{n=1}^{\infty} a(n)^r n^{-s}$ も $\mathbb{C}$ 上で有理型か？」

がある．

我々のオイラー積原理から得られる典型的結果は，K_j $(j=1,\cdots,r)$ を有理数体 $\mathbb{Q}$ の n_j 次拡大体で $n_1 \leqq \cdots \leqq n_r$ とすると，デデキントゼータ関数のディリクレ級数表示

$$\zeta_{K_j}(s)=\sum_{n=1}^{\infty}a_j(n)n^{-s}\quad(\mathbb{C}\text{ 上有理型})$$

から作られたディリクレ級数

$\displaystyle\sum_{n=1}^{\infty}a_1(n)\cdots a_r(n)n^{-s}$ が $\mathbb{C}$ 上有理型となるのは

$$(n_1,\cdots,n_r)=\begin{cases}(1,\cdots,1,2,2),\\(1,\cdots,1,\ *\ )\end{cases}$$

の場合のみであり，それ以外の場合は $\mathrm{Re}(s)>0$ において有理型だが自然境界 $\mathrm{Re}(s)=0$ を持つ，というものであった．

とくに，K を $\mathbb{Q}$ の $[K:\mathbb{Q}]$ 次拡大体とすると，デデキントゼータ関数 $\zeta_K(s)=\displaystyle\sum_{n=1}^{\infty}a(n)n^{-s}$ に対して，

$$\sum_{n=1}^{\infty}a(n)^r n^{-s}\text{ が }\mathbb{C}\text{ 上有理型}$$

$$\Longleftrightarrow\begin{cases}\cdot[K:\mathbb{Q}]=1\,(\text{つまり}K=\mathbb{Q})\text{なら任意の}r,\\\cdot[K:\mathbb{Q}]=2\,(2\text{ 次体})\text{なら}r=1,2\text{のみ},\\\cdot[K:\mathbb{Q}]\geqq 3\text{なら}r=1\text{のみ}\end{cases}$$

となる．

井草ゼータ関数では，このタイプの問題（類似物）がわかりやすい形に表れている．それは，$\mathbb{Z}$ 上の（アフィン）代数的集合 $X_1,\cdots,X_r$ から積 $X_1\times\cdots\times X_r=X$ を作れば，ちょうど

「$\displaystyle\sum_{n=1}^{\infty}|X_j(\mathbb{Z}/n\mathbb{Z})|n^{-s}$ $(j=1,\cdots,r)$ から

$$\sum_{n=1}^{\infty}|X(\mathbb{Z}/n\mathbb{Z})|n^{-s}=\sum_{n=1}^{\infty}|X_1(\mathbb{Z}/n\mathbb{Z})|\cdots|X_r(\mathbb{Z}/n\mathbb{Z})|n^{-s}$$

を構成する」

という操作になるのである．

まことに，井草ゼータ関数恐るべし，である．

第 10 章

絶対リーマン予想

ゼータ関数の研究なら絶対ゼータ関数に言及せねばならない．絶対リーマン予想をオイラー積原理を背景にして考えよう．群の表現環係数の多項式 $H(T)$ が与えられたときに，それに付随するゼータ関数を構成して，その絶対リーマン予想を調べる．そこでは，これまで研究してきた $\gamma(H)$ の重要性を絶対リーマン予想の観点から再確認することになる．

10.1　原始リーマン予想

リーマン予想は数学最大の難問として有名である．1859 年に 33 歳のリーマン（1826–1866）によって提出されてから 2022 年の今年で 163 年になるが未解決で残っている．現在の人類には逆立ちしても解けないとの定評が高い．

リーマン予想はリーマンゼータ関数

$$\zeta_{\mathbb{Z}}(s)=\prod_{p:\text{素数}}(1-p^{-s})^{-1}=\sum_{n=1}^{\infty}n^{-s}$$

を複素数 s 全体へ有理型関数として解析接続したときに

「$\zeta_{\mathbb{Z}}(s)=0$ なら $\mathrm{Re}(s)=\frac{1}{2}$ または $s=-2,-4,-6,\cdots$」

が成立するという予想である．

リーマンゼータ関数はガンマ因子を掛けると $s\longleftrightarrow 1-s$ とい

う関数等式をみたす．$\mathrm{Re}(s)=\frac{1}{2}$ は関数等式の中心軸であり，零点 $s=-2,-4,-6,\cdots$ はガンマ因子を掛けることにより無くなる．

リーマン予想に親しむためには，百五十年以上解けない原題に直接挑戦するよりも，練習として簡単でわかりやすい類題で腕ならしをするのが良い．充分沢山の練習問題をこなせば光が見えてくるであろう．

それでは，まず，「原始リーマン予想」をやってみよう．

練習問題 1　$n=2,3,4,\cdots$ に対して原始ゼータ関数を

$$\zeta_n(s)=s^n-(s-1)^n$$

とおく．次を示せ．

(1) ［関数等式］ $\zeta_n(1-s)=(-1)^{n-1}\zeta_n(s)$.

(2) ［原始リーマン予想］ $\zeta_n(s)=0$ なら

$$\mathrm{Re}(s)=\frac{1}{2}.$$

(3) ［中心零点］ $\zeta_n\left(\frac{1}{2}\right)=0 \Longleftrightarrow n$ は偶数．このとき $s=\frac{1}{2}$ は 1 位の零点．

解答

(1)

$$\begin{aligned}\zeta_n(1-s)&=(1-s)^n-((1-s)-1)^n\\&=(-1)^n(s-1)^n-(-1)^n s^n\\&=(-1)^{n-1}\zeta_n(s).\end{aligned}$$

(2) $\zeta_n(s)=0$ となる s を具体的にすべて求めて $\mathrm{Re}(s)=\frac{1}{2}$ を見る．そのために，因数分解

$$x^n-y^n=\prod_{k=1}^{n}\left(x-y\cdot\exp\left(\frac{2\pi ki}{n}\right)\right)$$

を用いる．すると

$$\begin{aligned}\zeta_n(s)&=\prod_{k=1}^{n}\left(s-(s-1)\exp\left(\frac{2\pi ki}{n}\right)\right)\\&=\prod_{k=1}^{n}\left\{\left(1-\exp\left(\frac{2\pi ki}{n}\right)\right)s+\exp\left(\frac{2\pi ki}{n}\right)\right\}\\&=\prod_{k=1}^{n-1}\left\{\left(1-\exp\left(\frac{2\pi ki}{n}\right)\right)s+\exp\left(\frac{2\pi ki}{n}\right)\right\}\end{aligned}$$

となる．さらに，

$$\prod_{k=1}^{n-1}\left(1-\exp\left(\frac{2\pi ki}{n}\right)\right)=n$$

——これを示すには等式

$$\begin{aligned}\prod_{k=1}^{n-1}\left(x-\exp\left(\frac{2\pi ki}{n}\right)\right)&=\frac{x^n-1}{x-1}\\&=x^{n-1}+x^{n-2}+\cdots+1\end{aligned}$$

において $x\to 1$ とすれば良い——であるから

$$\zeta_n(s)=n\prod_{k=1}^{n-1}\left(s+\frac{\exp(\frac{2\pi ki}{n})}{1-\exp(\frac{2\pi ki}{n})}\right)$$

となる．

ここで，

$$\begin{aligned}\frac{\exp(\frac{2\pi ki}{n})}{1-\exp(\frac{2\pi ki}{n})}&=\frac{\exp(\frac{\pi ki}{n})}{\exp(-\frac{\pi ki}{n})-\exp(\frac{\pi ki}{n})}\\&=\frac{\cos(\frac{\pi k}{n})+i\sin(\frac{\pi k}{n})}{-2i\sin(\frac{\pi k}{n})}\\&=-\frac{1}{2}+\frac{i}{2}\cot\left(\frac{\pi k}{n}\right)\end{aligned}$$

であるから

$$\begin{aligned}\zeta_n(s)&=n\prod_{k=1}^{n-1}\left\{s-\left(\frac{1}{2}-\frac{i}{2}\cot\left(\frac{\pi k}{n}\right)\right)\right\}\\&=n\prod_{k=1}^{n-1}\left\{s-\left(\frac{1}{2}+\frac{i}{2}\cot\left(\frac{\pi k}{n}\right)\right)\right\}\end{aligned}$$

となる．したがって，零点は

$$\zeta_n(s)=0 \Longleftrightarrow s=\frac{1}{2}+\frac{i}{2}\cot\left(\frac{\pi k}{n}\right) \quad (k=1,\cdots,n-1)$$

とわかり，実部は $\frac{1}{2}$ である．また，すべて1位の零点である．

(3) 上の計算より零点に $\frac{1}{2}$ が入るのは $\cot\left(\frac{\pi k}{n}\right)=0$ となる $k=1,\cdots,n-1$ が存在するときで，それは n が偶数の場合であり，$k=\frac{n}{2}$ のみである．したがって，位数は n が偶数のときに1位（n が奇数のときは0位）である．

（解答終）

例　$\zeta_2(s)=2\left(s-\frac{1}{2}\right)$,

$$\zeta_3(s)=3\left(s-\left(\frac{1}{2}+\frac{i}{2\sqrt{3}}\right)\right)\left(s-\left(\frac{1}{2}-\frac{i}{2\sqrt{3}}\right)\right),$$

$$\zeta_4(s)=4\left(s-\frac{1}{2}\right)\left(s-\frac{1+i}{2}\right)\left(s-\frac{1-i}{2}\right).$$

このように簡単なゼータ関数でも充分に楽しむことができるのである．

上記の解答中にでてきた等式

$$\prod_{k=1}^{n-1}\left(1-\exp\left(\frac{2\pi ki}{n}\right)\right)=n$$

は絶対値をとることにより

$$\prod_{k=1}^{n-1}\left|1-\exp\left(\frac{2\pi ki}{n}\right)\right|=n$$

となる．これは，単位円に内接する正 n 角形 $\mathrm{P}_0\mathrm{P}_1\cdots\mathrm{P}_{n-1}$（$\mathrm{P}_k$ は複素数 $\exp\left(\frac{2\pi ki}{n}\right)$ とする）に対して

$$\prod_{k=1}^{n-1}\overline{\mathrm{P}_0\mathrm{P}_k}=n$$

が成立することと同じである．ただし，

$$\overline{\mathrm{P}_0\mathrm{P}_k}=\left|1-\exp\left(\frac{2\pi ki}{n}\right)\right|=2\sin\left(\frac{\pi k}{n}\right)$$

は線分 P_0P_k の長さである．したがって，等式

$$\prod_{k=1}^{n-1}\sin\left(\frac{\pi k}{n}\right)=\frac{n}{2^{n-1}}$$

も成立する．たとえば

$$n=2:\ \sin\frac{\pi}{2}=1=\frac{2}{2^1},$$

$$n=3:\ \sin\frac{\pi}{3}\sin\frac{2\pi}{3}=\frac{\sqrt{3}}{2}\cdot\frac{\sqrt{3}}{2}=\frac{3}{4}=\frac{3}{2^2},$$

$$n=4:\ \sin\frac{\pi}{4}\sin\frac{2\pi}{4}\sin\frac{3\pi}{4}=\frac{1}{\sqrt{2}}\cdot 1\cdot\frac{1}{\sqrt{2}}=\frac{1}{2}=\frac{4}{2^3}.$$

この最後の等式は $n=4$ の正方形 $P_0P_1P_2P_3$ ($P_0=1$, $P_1=\mathrm{i}$, $P_2=-1$, $P_3=-i$) に対する等式

$$\overline{P_0P_1}\cdot\overline{P_0P_2}\cdot\overline{P_0P_3}=\sqrt{2}\cdot 2\cdot\sqrt{2}=4$$

と同値である．xy 座標では下図の通り．

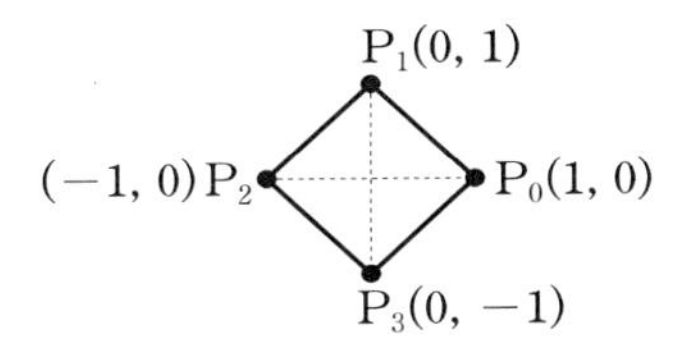

後のために，原始リーマン予想の別証明を見ておこう．

練習問題 2 次を示せ．

(1) $\mathrm{Re}(s)>\frac{1}{2}\Longleftrightarrow|s|>|s-1|$.

(2) $\mathrm{Re}(s)=\frac{1}{2}\Longleftrightarrow|s|=|s-1|$.

(3) $\mathrm{Re}(s)<\frac{1}{2}\Longleftrightarrow|s|<|s-1|$.

(4) 練習問題 1 の (2) ふたたび.

解答　(1)(2)(3)は$\Rightarrow$を示せば良い（そうすれば$\Leftarrow$は必然的に成立）．図で示すにはsと0，1との距離$|s|$, $|s-1|$を見ればすぐわかる：$\mathrm{Re}(s)=\frac{1}{2}$は線分0－1の垂直二等分線である．

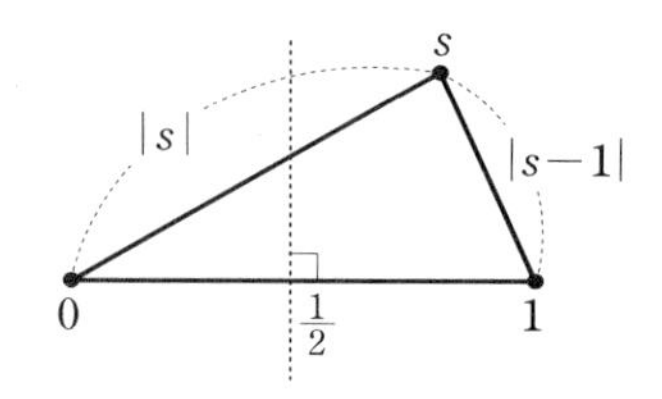

計算によって示すには

$$\begin{aligned}|s|^2-|s-1|^2&=s\overline{s}-(s-1)(\overline{s}-1)\\&=s+\overline{s}-1\\&=2\left(\mathrm{Re}(s)-\frac{1}{2}\right)\end{aligned}$$

とすればよい．

(4)　$\zeta_n(s)=0$なら$s^n=(s-1)^n$であるから，両辺の絶対値をとって$|s|^n=|s-1|^n$．したがって$|s|=|s-1|$となるので，上の(2)より$\mathrm{Re}(s)=\frac{1}{2}$.　**(解答終)**

原始リーマン予想の証明でさえ，練習問題1の解法のように零点の明示公式（実部だけでなく虚部も――それは“深リーマン予想”や“超リーマン予想”の方向である）を求めるものから，練習問題2の通り必要な実部の情報だけを示すものまでさまざまである．“本来のリーマン予想の証明”にも，何を目指すかによってピンからキリまでとなるのは当然――もちろん，人類に解けたとして――のことであろう．

10.2　絶対リーマン予想

位相群 G の表現環 $R(G)$ 係数の多項式

$$H(T)\in 1+TR(G)[T]$$

に対して $\gamma(H)\geqq 1$ が定まっていた．このとき，絶対ゼータ関数として，各 $g\in G$ に対して

$$\zeta_{\mathbb{F}_1}(s,g,H)=H_g\left(\frac{s-1}{s}\right)$$

を考える．ただし，

$$H(T)=1+\sum_{k=1}^{r}h_k T^k \quad (h_k\in R(G))$$

としたとき

$$H_g(T)=1+\sum_{k=1}^{r}h_k(g)T^k\in 1+T\mathbb{C}[T]$$

である．

たとえば，$H(T)=1-T$ のときは

$$\zeta_{\mathbb{F}_1}(s,g,H)=1-\frac{s-1}{s}=\frac{1}{s}=\zeta_{\mathbb{F}_1}(s)$$

である．また，有限次元ユニタリ表現

$$\rho:G\longrightarrow U(r)$$

に対して

$$\begin{aligned}H(T)&=\det(1-\rho T)\\&=\sum_{k=0}^{r}(-1)^k\mathrm{trace}(\wedge^k\rho)T^k\end{aligned}$$

とすると，$\gamma(H)=1$ であり

$$\zeta_{\mathbb{F}_1}(s,g,H)=\det\left(1-\rho(g)\frac{s-1}{s}\right)$$

である．

練習問題3　$H(T)=\det(1-\rho T)$ のとき $\zeta_{\mathbb{F}_1}(s,g,H)$ の絶対リーマン予想「$\zeta_{\mathbb{F}_1}(s,g,H)=0\Rightarrow \mathrm{Re}(s)=\frac{1}{2}$」を示せ.

解答　$\zeta_{\mathbb{F}_1}(s,g,H)=\det\left(1-\rho(g)\frac{s-1}{s}\right)$

であるから，$\zeta_{\mathbb{F}_1}(s,g,H)=0$ とすると $\frac{s-1}{s}$ は $\rho(g)$ の固有値の逆数であり，その絶対値は1となる（$\rho(g)$ はユニタリ行列）．したがって $|s|=|s-1|$ となるので練習問題2（2）より $\mathrm{Re}(s)=\frac{1}{2}$ とわかる.　**（解答終）**

10.3　条件 $\gamma(H)=1$

$\zeta_{\mathbb{F}_1}(s,g,H)$ に対する絶対リーマン予想を考えると条件 $\gamma(H)=1$ との同値性がわかる.

練習問題4　$H(T)\in 1+TR(G)[T]$ に対して，次は同値であることを示せ.

(1)　$\zeta_{\mathbb{F}_1}(s,g,H)$ はすべての $g\in G$ に対して絶対リーマン予想

$$\zeta_{\mathbb{F}_1}(s,g,H)=0\ \Rightarrow\ \mathrm{Re}(s)=\frac{1}{2}$$

をみたす.

(2)　$\gamma(H)=1$.

解答　条件（1）は，各 $g\in G$ に対して

$$H_g(T)=(1-\gamma_1(g)T)\cdots(1-\gamma_r(g)T)$$

と分解しておいたとき

$$H_g\left(\frac{s-1}{s}\right)=\left(1-\gamma_1(g)\frac{s-1}{s}\right)\cdots\left(1-\gamma_r(g)\frac{s-1}{s}\right)=0$$

となる $s\in\mathbb{C}$ が $\mathrm{Re}(s)=\frac{1}{2}$ をみたすことである．そこで，

$$\mathrm{Re}(s)=\frac{1}{2}\Longleftrightarrow\left|\frac{s-1}{s}\right|=1$$

に注意する（練習問題 2）と，それは

$$|\gamma_1(g)|=\cdots=|\gamma_r(g)|=1\quad(g\in G)$$

をみたすことに他ならない．これは既に示した通り $\gamma(H)=1$ と同値である．　**（解答終）**

なお，$H^n(T)=1-T^n$ のときには $\gamma(H^n)=1$ であり（$g\in G$ にはよらないので略して書くと）

$$\begin{aligned}\zeta_{\mathbb{F}_1}(s,H^n)&=H^n\left(\frac{s-1}{s}\right)\\&=1-\left(\frac{s-1}{s}\right)^n\\&=\frac{s^n-(s-1)^n}{s^n}\\&=\frac{\zeta_n(s)}{s^n}\end{aligned}$$

であるから，練習問題 1 の原始リーマン予想は，$\zeta_{\mathbb{F}_1}(s,H^n)$ の絶対リーマン予想に取り込まれてると考えることができる．さらに，そこでの計算から

$$\zeta_{\mathbb{F}_1}(s,H^n)=\frac{n}{s^n}\prod_{k=1}^{n-1}\left\{s-\left(\frac{1}{2}+\frac{i}{2}\cot\left(\frac{\pi k}{n}\right)\right)\right\}$$

という表示を得る．また，たとえば $\mathrm{Re}(s)>\frac{1}{2}$ のときは $\left|\frac{s-1}{s}\right|<1$ より

$$\lim_{n\to\infty}\zeta_{\mathbb{F}_1}(s,H^n)=1$$

が成立する．

さて，オイラー積原理では――具体的に考えるためにはオイラー基盤を $E=(P, \mathrm{Gal}(K/\mathbb{Q}), \alpha)$ としておこう――オイラー積

$$\zeta_{\mathbb{Z}}(s, H)=\prod_p \zeta_{\mathbb{F}_p}(s, H)$$

を構成して，

$\zeta_{\mathbb{Z}}(s, H)$: $\mathbb{C}$ 上で有理型

$\Longleftrightarrow$ すべての p に対して $\zeta_{\mathbb{F}_p}(s, H)$ はリーマン予想をみたす

$\Longleftrightarrow \gamma(H)=1$

を主張しているのであった．上記の通り，$\gamma(H)=1$ を絶対リーマン予想の観点から見直すことができたので，オイラー積原理は

$\zeta_{\mathbb{Z}}(s, H)$: $\mathbb{C}$ 上で有理型

$\Longleftrightarrow$ すべての p に対して $\zeta_{\mathbb{F}_p}(s, H)$ はリーマン予想をみたす

$\Longleftrightarrow$ すべての g に対して $\zeta_{\mathbb{F}_1}(s, g, H)$ は絶対リーマン予想をみたす

という形の解釈を与えることが可能となったわけである．

10.4　高次版

今までは $(s-1)/s$ という簡単な形（分子・分母が1次式）を扱ってきたが，高次版を計算してみよう．そのために，$n=1,2,3,\cdots$ に対して

$$Z_n(s)=\frac{(s-1)(s-2)\cdots(s-n)}{s(s+1)\cdots(s+n-1)}$$

とおく．もちろん，$Z_1(s)$ がこれまでの $(s-1)/s$ である．

練習問題 5　次を示せ．

(1)　$Z_n(1-s)=Z_n(s)^{-1}$.

(2)　$|Z_n(s)|=1 \iff \mathrm{Re}(s)=\dfrac{1}{2}$.

解答

(1)
$$\begin{aligned}Z_n(1-s)&=\frac{(-s)(-s-1)\cdots(-s-(n-1))}{(1-s)(2-s)\cdots(n-s)}\\&=\frac{s(s+1)\cdots(s+(n-1))}{(s-1)(s-2)\cdots(s-n)}\\&=Z_n(s)^{-1}.\end{aligned}$$

(2) より精密に次を示そう：

$$\begin{cases}\text{(2a)} & |Z_n(s)|<1 \iff \mathrm{Re}(s)>\dfrac{1}{2},\\ \text{(2b)} & |Z_n(s)|=1 \iff \mathrm{Re}(s)=\dfrac{1}{2},\\ \text{(2c)} & |Z_n(s)|>1 \iff \mathrm{Re}(s)<\dfrac{1}{2}.\end{cases}$$

方法は練習問題 2 と同じであり，そこで $n=1$ の場合は示されている．(2a)，(2b)，(2c) において $\Leftarrow$ を言えばよい．

まず，$\mathrm{Re}(s)>\dfrac{1}{2}$ なら $k=1,\cdots,n$ に対して

$$\left|\frac{s-k}{s+k-1}\right|<1$$

が成立することに注意して──図を見るか等式

$$|s+k-1|^2-|s-k|^2=(4k-2)\left(\mathrm{Re}(s)-\frac{1}{2}\right)$$

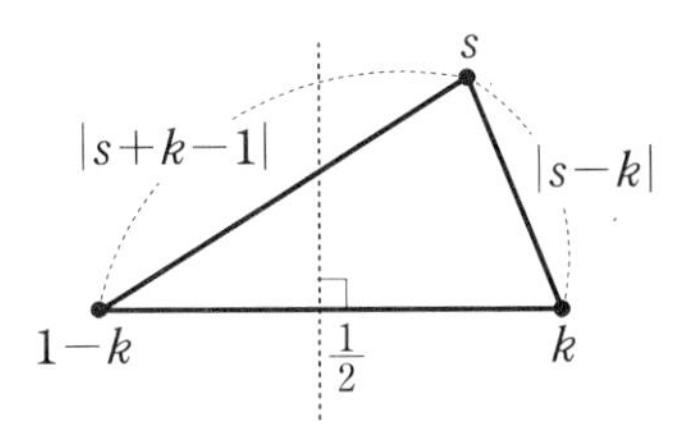

を用いる——不等式

$$|Z_n(s)|=\prod_{k=1}^{n}\left|\frac{s-k}{s+k-1}\right|<1$$

を得る．次に，$\mathrm{Re}(s)=\dfrac{1}{2}$ なら

$$\left|\frac{s-k}{s+k-1}\right|=1 \quad (k=1,\cdots,n)$$

なので

$$|Z_n(s)|=\prod_{k=1}^{n}\left|\frac{s-k}{s+k-1}\right|=1.$$

さらに，$\mathrm{Re}(s)<\dfrac{1}{2}$ なら

$$\left|\frac{s-k}{s+k-1}\right|>1 \quad (k=1,\cdots,n)$$

なので

$$|Z_n(s)|=\prod_{k=1}^{n}\left|\frac{s-k}{s+k-1}\right|>1$$

となる（$s=0,-1,\cdots,1-n$ の場合も正しい）．

よって，(2a)(2b)(2c) がわかった．　**（解答終）**

そこで，G を位相群として

$$H(T)\in 1+TR(G)[T]$$

と $g\in G$ に対して

$$\zeta_{\mathbb{F}_1}^n(s,g,H)=H_g(Z_n(s))$$

とおく．$n=1$ のときは $\zeta_{\mathbb{F}_1}(s,g,H)$ そのものである．

練習問題 6　同値であることを示せ.

(1)　すべての $g \in G$ に対して $\zeta^n_{\mathbb{F}_1}(s, g, H)$ は絶対リーマン予想

$$\zeta^n_{\mathbb{F}_1}(s, g, H) = 0 \Rightarrow \mathrm{Re}(s) = \frac{1}{2}$$

をみたす.

(2)　$\gamma(H) = 1$.

解答　方針は練習問題 4（$n=1$ のとき）とまったく同様である. 各 $g \in G$ に対して

$$\begin{aligned}\zeta^n_{\mathbb{F}_1}(s, g, H) &= H_g(Z_n(s)) \\ &= (1-\gamma_1(g)Z_n(s))\cdots(1-\gamma_r(g)Z_n(s))\end{aligned}$$

と書いておくと, $\zeta^n_{\mathbb{F}_1}(s, g, H) = 0$ となる $s \in \mathbb{C}$ がすべて $\mathrm{Re}(s) = \frac{1}{2}$ をみたす条件は,

$$\mathrm{Re}(s) = \frac{1}{2} \Longleftrightarrow |Z_n(s)| = 1 \quad \text{（練習問題 5）}$$

に留意すると,

$$|\gamma_1(g)| = \cdots = |\gamma_r(g)| = 1 \quad (g \in G)$$

という条件, つまり $\gamma(H) = 1$ と同値となる.　　　　**（解答終）**

ここでは, 多項式

$$H(T) \in 1 + TR(G)[T]$$

について考察しているのであるが, $R(G)$ の有理ヴィット環 (rational Witt ring) の元 $H(T)$ に一般化した場合も扱うことができる. $R(G)$ の有理ヴィット環 $W_{\mathrm{rat}}(R(G))$ とは

$$\begin{aligned}W_{\mathrm{rat}}(R(G)) &= \left\{ H(T) = \frac{H^1(T)}{H^2(T)} \,\middle|\, H^1(T), H^2(T) \in 1 + TR(G)[T] \right\} \\ &= \left\{ \frac{1 + a_1 T + \cdots + a_m T^m}{1 + b_1 T + \cdots + b_n T^n} \,\middle|\, a_i, b_j \in R(G) \right\}\end{aligned}$$

のことであり，絶対ゼータ関数は

$$\begin{aligned}\zeta^n_{\mathbb{F}_1}(s,g,H)&=H_g(Z_n(s))\\&=\frac{H^1_g(Z_n(s))}{H^2_g(Z_n(s))}\\&=\frac{\zeta^n_{\mathbb{F}_1}(s,g,H^1)}{\zeta^n_{\mathbb{F}_1}(s,g,H^2)}\end{aligned}$$

である．なお，有理ヴィット環の写像 $W_{\mathrm{rat}}(R(G))\to W_{\mathrm{rat}}(\mathbb{C})$ で自然に移ったものが

$$H_g(T)=\frac{H^1_g(T)}{H^2_g(T)}\in W_{\mathrm{rat}}(\mathbb{C})$$

である．有理ヴィット環については

P.Scholze and R.A.Kucharczyk “Topological realizations of absolute Galois groups”（arXiv : 1609. 04717）

を参照してほしい．

10.5　原始ゼータ関数と絶対保型形式

原始リーマン予想は原始ゼータ関数

$$\begin{aligned}\zeta_n(s)&=s^n-(s-1)^n\\&=n\prod_{k=1}^{n-1}\left\{s-\left(\frac{1}{2}+\frac{i}{2}\cot\left(\frac{k\pi}{n}\right)\right)\right\}\end{aligned}$$

の零点の実部が $\frac{1}{2}$ となることであった．この原始ゼータ関数に対応する絶対保型形式を求めてみよう．

練習問題 7

$$f_n(x) = -x^{\frac{1}{2}} \sum_{k=1}^{n-1} \cos\left(\cot\left(\frac{\pi k}{n}\right)\frac{\log x}{2}\right)$$

とするとき次を示せ．

(1)［絶対保型性］ $f_n\left(\frac{1}{x}\right) = x^{-1} f_n(x)$.

(2)［絶対ゼータ関数］ $\zeta_n(s) = n\zeta_{f_n}(s)$.

解答

(1)
$$f_n\left(\frac{1}{x}\right) = -x^{-\frac{1}{2}} \sum_{k=1}^{n-1} \cos\left(\cot\left(\frac{\pi k}{n}\right)\frac{-\log x}{2}\right)$$
$$= -x^{-\frac{1}{2}} \sum_{k=1}^{n-1} \cos\left(\cot\left(\frac{\pi k}{n}\right)\frac{\log x}{2}\right)$$
$$= x^{-1} f_n(x).$$

したがって，$f_n(x)$ は重さ 1 の絶対保型形式である．

(2) 絶対ゼータ関数 $\zeta_{f_n}(s)$ は

$$\zeta_{f_n}(s) = \exp\left(\frac{\partial}{\partial w}\left(\frac{1}{\Gamma(w)}\int_1^\infty f_n(x) x^{-s-1} (\log x)^{w-1} dx\right)\Bigg|_{w=0}\right)$$

と定まる．今の場合は

$$f_n(x) = -\sum_{k=1}^{n-1} x^{\frac{1}{2}+\frac{i}{2}\cot\left(\frac{k\pi}{n}\right)}$$

であるから，

$$\frac{1}{\Gamma(w)}\int_1^\infty f_n(x) x^{-s-1} (\log x)^{w-1} dx$$
$$= -\sum_{k=1}^{n-1} \left\{s - \left(\frac{1}{2} + \frac{i}{2}\cot\left(\frac{k\pi}{n}\right)\right)\right\}^{-w}$$

より

$$\zeta_{f_n}(s)=\prod_{k=1}^{n-1}\left\{s-\left(\frac{1}{2}+\frac{i}{2}\cot\left(\frac{k\pi}{n}\right)\right)\right\}$$

となるので等式

$$\zeta_n(s)=n\zeta_{f_n}(s)$$

が成立する．　　　　　　　　　　　　　　　　　　　　**(解答終)**

例

(1)　$f_2(x)=-x^{\frac{1}{2}},\ \zeta_{f_2}(s)=s-\dfrac{1}{2}.$

(2)　$f_3(x)=-2x^{\frac{1}{2}}\cos\left(\dfrac{\log x}{2\sqrt{3}}\right),$

$$\zeta_{f_3}(s)=\left(s-\left(\frac{1}{2}+\frac{i}{2\sqrt{3}}\right)\right)\left(s-\left(\frac{1}{2}-\frac{i}{2\sqrt{3}}\right)\right)$$
$$=s^2-s+\frac{1}{3}.$$

(3)　$f_4(x)=-x^{\frac{1}{2}}-2x^{\frac{1}{2}}\cos\left(\dfrac{\log x}{2}\right),$

$$\zeta_{f_4}(s)=\left(s-\frac{1}{2}\right)\left(s-\frac{1+i}{2}\right)\left(s-\frac{1-i}{2}\right)$$
$$=s^3-\frac{3}{2}s^2+s-\frac{1}{4}.$$

10.6　行列式表示

ゼータ関数を研究するには行列式表示が基本である．原始ゼータ関数

$$\zeta_n(s)=s^n-(s-1)^n$$

の行列式表示を考えよう．

練習問題 8　n 次の実直交行列

$$A_n=\begin{pmatrix}0 & 1 & & O \\ & \ddots & \ddots & \\ & O & & 1 \\ 1 & & & 0\end{pmatrix}$$

に対して

$$\zeta_n(s)=\det(s-A_n(s-1))$$

を示せ.

解答　行列式の展開により

$$\det(x-A_n)=x^n-1$$

がわかる（A_n は置換行列である）. したがって,

$$\begin{aligned}\det(s-A_n(s-1))&=\det\left((s-1)\left(\frac{s}{s-1}-A_n\right)\right)\\&=(s-1)^n\det\left(\frac{s}{s-1}-A_n\right)\\&=(s-1)^n\left\{\left(\frac{s}{s-1}\right)^n-1\right\}\\&=s^n-(s-1)^n\\&=\zeta_n(s).\end{aligned}$$

（解答終）

これは, 実直交行列（ユニタリ行列）による行列式表示である. 一方, 表示

$$\begin{aligned}\zeta_n(s)&=n\prod_{k=1}^{n-1}\left\{s-\left(\frac{1}{2}+\frac{i}{2}\cot\left(\frac{\pi k}{n}\right)\right)\right\}\\&=n\prod_{k=1}^{[\frac{n-1}{2}]}\left\{\left(s-\frac{1}{2}\right)^2+\frac{1}{4}\cot^2\left(\frac{\pi k}{n}\right)\right\}\times\begin{cases}1 & \cdots\ n:\text{奇数}\\ s-\frac{1}{2} & \cdots\ n:\text{偶数}\end{cases}\end{aligned}$$

を基にすると, 実交代行列

$$B_n=\bigoplus_{k=1}^{[\frac{n-1}{2}]}\begin{pmatrix}0 & -\frac{1}{2}\cot\left(\frac{\pi k}{n}\right)\\ \frac{1}{2}\cot\left(\frac{\pi k}{n}\right) & 0\end{pmatrix}$$

によって実交代行列 $\tilde{B}_n$ を

$$\tilde{B}_n=\begin{cases} B_n & \cdots\ n:\text{奇数} \\ B_n\oplus(0) & \cdots\ n:\text{偶数} \end{cases}$$

と定めたとき，行列式表示

$$\zeta_n(s)=n\cdot\det\left(\left(s-\frac{1}{2}\right)-\tilde{B}_n\right)$$

を得る．行列式表示もいろいろあって楽しい．

///10.7　零点構造

ゼータ関数の零点の解明が進まないのは零点構造の研究が進化していないからである．零点に構造があることを研究者が認識していないと言っても良い．

ここでは，原始ゼータ関数 $\zeta_n(s)$ の零点構造について実例に沿って見よう．そのために

$$\zeta_6(s)=6\left(s-\frac{1}{2}\right)\left(s-\left(\frac{1}{2}+\frac{i}{2\sqrt{3}}\right)\right)\left(s-\left(\frac{1}{2}-\frac{i}{2\sqrt{3}}\right)\right)$$
$$\left(s-\left(\frac{1}{2}+\frac{\sqrt{3}}{2}i\right)\right)\left(s-\left(\frac{1}{2}-\frac{\sqrt{3}}{2}i\right)\right)$$

および

$$\zeta_8(s)=8\left(s-\frac{1}{2}\right)\left(s-\frac{1+i}{2}\right)\left(s-\frac{1-i}{2}\right)$$
$$\left(s-\left(\frac{1}{2}+\frac{\sqrt{2}+1}{2}i\right)\right)\left(s-\left(\frac{1}{2}+\frac{\sqrt{2}+1}{2}i\right)\right)$$
$$\left(s-\left(\frac{1}{2}-\frac{\sqrt{2}-1}{2}i\right)\right)\left(s-\left(\frac{1}{2}-\frac{\sqrt{2}-1}{2}i\right)\right)$$

を例にとる．

要点は零点 s_1 と零点 s_2 から原始テンソル積

$$s_1 \otimes s_2 = \frac{s_1 s_2}{s_1 + s_2 - 1}$$

によって新たな零点が生まれるということである．

練習問題 9　次を示せ．

(1) ［$\zeta_6(s)$ の零点構造］

$$\frac{1}{2} \otimes \left(\frac{1}{2} + \frac{i}{2\sqrt{3}} \right) = \frac{1}{2} - \frac{\sqrt{3}}{2} i.$$

(2) ［$\zeta_8(s)$ の零点構造］

$$\left(\frac{1}{2} + \frac{\sqrt{2}+1}{2} i \right) \otimes \left(\frac{1}{2} - \frac{\sqrt{2}-1}{2} i \right) = \frac{1-i}{2}.$$

解答　計算である．

(1) $$\frac{1}{2} \otimes \left(\frac{1}{2} + \frac{i}{2\sqrt{3}} \right) = \frac{\frac{1}{2}(\frac{1}{2} + \frac{i}{2\sqrt{3}})}{\frac{1}{2} + (\frac{1}{2} + \frac{i}{2\sqrt{3}}) - 1}$$

$$= \frac{\frac{1}{4} + \frac{i}{4\sqrt{3}}}{\frac{i}{2\sqrt{3}}} = \frac{1}{2} - \frac{\sqrt{3}}{2} i.$$

(2) $$\left(\frac{1}{2} + \frac{\sqrt{2}+1}{2} i \right) \otimes \left(\frac{1}{2} - \frac{\sqrt{2}-1}{2} i \right)$$

$$= \frac{(\frac{1}{2} + \frac{\sqrt{2}+1}{2} i)(\frac{1}{2} - \frac{\sqrt{2}-1}{2} i)}{(\frac{1}{2} + \frac{\sqrt{2}+1}{2} i) + (\frac{1}{2} - \frac{\sqrt{2}-1}{2} i) - 1}$$

$$= \frac{\frac{1}{2} + \frac{i}{2}}{i} = \frac{1-i}{2}.$$

（解答終）

これを見れば零点構造が明確に浮かんでくるであろう．付け加えると，s の n 個の原始テンソル積を

$$s^{\otimes n} = \overbrace{s \otimes \cdots \otimes s}^{n\text{個}}$$

と書けば

$$\zeta_n(s) = \frac{s^n}{s^{\otimes n}} = \frac{\overbrace{s \times \cdots \times s}^{n\text{個}}}{\underbrace{s \otimes \cdots \otimes s}_{n\text{個}}}$$

となることがわかる.

このテーマについては，機会を改めてゆっくりと話すことにしよう（『現代数学』2022 年 4 月号～ 2023 年 3 月号の連載「超リーマン予想」を読まれたい）.

第11章 べき乗予想

オイラー積に関する予想のうちで「べき乗予想」は別格と言って良い程に面白い．複雑な設定は不要である．ただし，研究者でも認識している人を他に知らないので，問題意識の普及が課題である．「べき乗」とは「アダムス作用（Adams operation）」や「アダムス演算」という呼称なら納得されやすくなる人もいるかも知れない．ここでは，オイラー積原理がべき乗予想への強い支持を与えることを見よう．

11.1　べき乗予想とは

オイラー積の「べき乗予想」とは，$\mathbb{C}$ 上有理型なオイラー積

$$Z(s)=\prod_{p:\text{素数}} Z_p(s),$$

$$Z_p(s)=\det(1-M(p)p^{-s})^{-1}$$

$$=\prod_{j=1}^{r}(1-\alpha_j(p)p^{-s})^{-1}$$

が与えられたとき（$M(p)$ は r 次の正方行列），$m=1,2,3,\cdots$ に対して“べき乗オイラー積”

$$Z^m(s)=\prod_{p} Z_p^m(s),$$

$$Z_p^m(s)=\det(1-M(p)^m p^{-s})^{-1}$$

$$=\prod_{j=1}^{r}(1-\alpha_j(p)^m p^{-s})^{-1}$$

も$\mathbb{C}$上有理型であることを予想するものである．

もちろん，pは有限個の素数を除いたものとしても全く変更はないし，これまでのように，もっと一般の“素数集合”やオイラー基盤でも考えることができる．

11.2　簡単な場合

はじめに，べき乗予想が成立することが簡単にわかるものをあげておこう．

練習問題1　$\chi_1,\cdots,\chi_r$を$\bmod N$のディリクレ指標として

$$Z(s)=L(s,\chi_1)\cdots L(s,\chi_r)$$

とすると，$Z(s)$はべき乗予想をみたすことを示せ．

解答　このオイラー積は

$$Z(s)=\prod_p Z_p(s),$$

$$Z_p(s)=\det(1-M(p)p^{-s})^{-1}$$
$$=[(1-\chi_1(p)p^{-s})\cdots(1-\chi_r(p)p^{-s})]^{-1},$$

$$M(p)=\begin{pmatrix}\chi_1(p) & & O\\ & \ddots & \\ O & & \chi_r(p)\end{pmatrix}$$

となっている（pはNの約数でない素数）ので

$$M(p)^m=\begin{pmatrix}\chi_1(p)^m & & O\\ & \ddots & \\ O & & \chi_r(p)^m\end{pmatrix},$$

$$Z_p^m(s)=\det(1-M(p)^m p^{-s})^{-1}$$
$$=[(1-\chi_1(p)^m p^{-s})\cdots(1-\chi_r(p)^m p^{-s})]^{-1}$$

である．したがって，

$$Z^m(s)=\prod_p Z_p^m(s)$$
$$=L(s,\chi_1^m)\cdots L(s,\chi_r^m)$$

となり，$Z^m(s)$ は $\mathbb{C}$ 上有理型である．**(解答終)**

このように，1次のオイラー積（の積）に帰着する場合は簡単である．そうでない場合（それが普通である）には，一般的には現在まで未解決の難問となっている．その状況を見よう．

11.3　ラマヌジャンのオイラー積

1次のオイラー積に帰着しない代表的なものがラマヌジャンのオイラー積であり，既に何度か登場している．それは，ラマヌジャン Δ 関数

$$\Delta=q\prod_{n=1}^{\infty}(1-q^n)^{24}=\sum_{n=1}^{\infty}\tau(n)q^n \quad (|q|<1)$$

から得られる2次のオイラー積

$$L(s,\Delta)=\prod_{p:\text{素数}}(1-a(p)p^{-s}+p^{-2s})^{-1}$$
$$=\sum_{n=1}^{\infty}a(n)n^{-s}$$

である．ただし，

$$a(n)=\tau(n)n^{-\frac{11}{2}}$$

と正規化しておく．すると，$L(s,\Delta)$ は $s\in\mathbb{C}$ 全体での正則関数に解析接続できて，$s\leftrightarrow 1-s$ という関数等式をみたす（正規化しない場合の関数等式は $s\leftrightarrow 12-s$ である）．

このときのべき乗予想を考えよう．ラマヌジャン予想

$$|a(p)|\leqq 2 \quad (p \text{ は素数})$$

が成立している（証明はドリーニュ，1974年に論文出版）ので，

$$a(p)=2\cos(\theta(p))$$

となる $\theta(p)\in[0,\pi]$ が唯一つに定まり

$$L(s,\Delta)=\prod_p[(1-e^{i\theta(p)}p^{-s})(1-e^{-i\theta(p)}p^{-s})]^{-1}$$

と書くことができる．よって，

$$Z(s)=L(s,\Delta)$$

に対しては

$$M(p)=\begin{pmatrix} e^{i\theta(p)} & 0 \\ 0 & e^{-i\theta(p)} \end{pmatrix},$$

$$M(p)^m=\begin{pmatrix} e^{im\theta(p)} & 0 \\ 0 & e^{-im\theta(p)} \end{pmatrix}$$

であり

$$\begin{aligned} Z^m(s) &= \prod_p \det(1-M(p)^m p^{-s})^{-1} \\ &= \prod_p[(1-e^{im\theta(p)}p^{-s})(1-e^{-im\theta(p)}p^{-s})]^{-1} \\ &= \prod_p(1-2\cos(m\theta(p))p^{-s}+p^{-2s})^{-1} \end{aligned}$$

となる．

ここで，第7章の7.3節を思い出すと，チェビシェフ多項式 $T_m(x)$ により

$$\cos(m\theta(p))=T_m(\cos(\theta(p)))$$

となり，

$$Z^m(s)=\prod_p(1-2T_m(\cos(\theta(p)))p^{-s}+p^{-2s})^{-1}$$

は，ちょうどそこに出て来ていたオイラー積である．したがって，$Z^m(s)$ は $\mathbb{C}$ 上有理型となることも，現在の我々は知っている．ただし，それは，ここ十年以内の最新の成果を用いた上でのことであり，長い歴史――苦闘――の末に得られたものである．少なくとも，私が数学論文を豪徳寺の水色の洋館（山下和美『世田谷イチ古い洋館の家主になる』集英社，2021年）において書きはじめた半世紀昔には夢のまた夢であった．

事情は，標準的な L 関数

$$L(s,\Delta,\mathrm{Sym}^m)$$
$$=\prod_p \det\left(1-\mathrm{Sym}^m\begin{pmatrix} e^{i\theta(p)} & 0 \\ 0 & e^{-i\theta(p)}\end{pmatrix}p^{-s}\right)^{-1}$$
$$=\prod_p [(1-e^{im\theta(p)}p^{-s})(1-e^{i(m-2)\theta(p)}p^{-s})\cdots(1-e^{-im\theta(p)}p^{-s})]^{-1}$$

によって書き直すと見通しが良くなる．

練習問題 2　次は同値であることを示せ．

（1）$L(s,\Delta,\mathrm{Sym}^m)$ $(m \geqq 0)$ は $\mathbb{C}$ 上有理型.

（2）$Z^m(s)$ $(m \geqq 1)$ は $\mathbb{C}$ 上有理型.

（解答）

（1）⇒（2）： $Z^m(s)=\dfrac{L(s,\Delta,\mathrm{Sym}^m)}{L(s,\Delta,\mathrm{Sym}^{m-2})}$

からわかる．

（2）⇒（1）： $L(s,\Delta,\mathrm{Sym}^m)=\prod_{k=0}^{[\frac{m}{2}]} Z^{m-2k}(s)$

よりわかる（$m \geqq 1; m=0$ はリーマンゼータ）．　**（解答終）**

例

$$Z^2(s)=\frac{L(s,\Delta,\mathrm{Sym}^2)}{L(s,\Delta,\mathrm{Sym}^0)},$$

$$Z^3(s)=\frac{L(s,\Delta,\mathrm{Sym}^3)}{L(s,\Delta,\mathrm{Sym}^1)},$$

$$Z^4(s)=\frac{L(s,\Delta,\mathrm{Sym}^4)}{L(s,\Delta,\mathrm{Sym}^2)},$$

$$Z^5(s)=\frac{L(s,\Delta,\mathrm{Sym}^5)}{L(s,\Delta,\mathrm{Sym}^3)},$$

$$Z^6(s)=\frac{L(s,\Delta,\mathrm{Sym}^6)}{L(s,\Delta,\mathrm{Sym}^4)},$$

$$Z^7(s)=\frac{L(s,\Delta,\mathrm{Sym}^7)}{L(s,\Delta,\mathrm{Sym}^5)},$$

$$Z^8(s)=\frac{L(s,\Delta,\mathrm{Sym}^8)}{L(s,\Delta,\mathrm{Sym}^6)},$$

$$Z^9(s)=\frac{L(s,\Delta,\mathrm{Sym}^9)}{L(s,\Delta,\mathrm{Sym}^7)},$$

$$Z^{10}(s)=\frac{L(s,\Delta,\mathrm{Sym}^{10})}{L(s,\Delta,\mathrm{Sym}^8)},$$

$$L(s,\Delta,\mathrm{Sym}^2)=Z^2(s)\zeta_{\mathbb{Z}}(s),$$

$$L(s,\Delta,\mathrm{Sym}^3)=Z^3(s)Z^1(s),$$

$$L(s,\Delta,\mathrm{Sym}^4)=Z^4(s)Z^2(s)\zeta_{\mathbb{Z}}(s),$$

$$L(s,\Delta,\mathrm{Sym}^5)=Z^5(s)Z^3(s)Z^1(s),$$

$$L(s,\Delta,\mathrm{Sym}^6)=Z^6(s)Z^4(s)Z^2(s)\zeta_{\mathbb{Z}}(s),$$

$$L(s,\Delta,\mathrm{Sym}^7)=Z^7(s)Z^5(s)Z^3(s)Z^1(s),$$

$$L(s,\Delta,\mathrm{Sym}^8)=Z^8(s)Z^6(s)Z^4(s)Z^2(s)\zeta_{\mathbb{Z}}(s),$$

$$L(s,\Delta,\mathrm{Sym}^9)=Z^9(s)Z^7(s)Z^5(s)Z^3(s)Z^1(s),$$

$$L(s,\Delta,\mathrm{Sym}^{10})=Z^{10}(s)Z^8(s)Z^6(s)\cdot Z^4(s)Z^2(s)\zeta_{\mathbb{Z}}(s).$$

ここで例示した $Z^m(s)$ および $L(s,\Delta,\mathrm{Sym}^m)$ の有理型性の証明はそれぞれの段階で年月のかかるものであった．簡単に話すと，

$m=0$ の

$$L(s,\varDelta,\mathrm{Sym}^0)=\zeta_{\mathbb{Z}}(s)$$

は 1859 年のリーマン，$m=1$ の

$$L(s,\varDelta,\mathrm{Sym}^1)=Z^1(s)$$

は 1929 年のウィルトンによって解析接続が与えられた．続いて，$m=2$ の

$$L(s,\varDelta,\mathrm{Sym}^2)=Z^2(s)\zeta_{\mathbb{Z}}(s)$$

の有理型性はランキン（1939 年）・セルバーグ（1940 年）によって証明され，正則性は志村五郎（1975 年）によって示された．

その後は，テクニカルになることもあって詳細は略するが，$m=3(\varDelta\otimes\varDelta\otimes\varDelta)$，$m=4(\mathrm{Sym}^2(\varDelta)\otimes\mathrm{Sym}^2(\varDelta))$ 等々と数十年かかって 20 世紀中に $m<10$ 程度まで保型形式論の手法をさまざまに駆使して進んだものの一般的な見通しがつかず行き止まり状態となっていた．

そこを，全く別の方法——ラングランズ予想（保型表現とガロア表現の対応予想）を取り込むこと——によって突破し，すべての m に対して $L(s,\varDelta,\mathrm{Sym}^m)$ と $Z^m(s)$ の有理型性を証明したのは 2011 年出版の論文であった：

T.Barnet-Lamb, D.Geraghty, M.Harris and R.Taylor "A family of Calabi-Yau varieties and potential automorphy (II)"［カラビ - ヤウ多様体の族と潜保型性（II）］Publ. RIMS Kyoto Univ. **47** (2011) 29–98.

ちなみに，この論文は佐藤・テイト予想の証明を与えた論文であり，そのために $L(s,\varDelta,\mathrm{Sym}^m)$ の解析的性質が必要となるのである．

第 7 章に書いた通り，すべての $m\geqq 1$ に対して $L(s,\varDelta,\mathrm{Sym}^m)$ が正則であることは更に難問であって，Newton-Thorne が 2020 年頃のプレプリントにて示した．ただし，$m\geqq 10$ の話はすべて

正則保型形式の場合のみに限定されていて，たとえば非正則保型形式であるマース波動形式に対しては進展はなく，一般の場合へ拡張することは極めて困難であると考えられている．

11.4　アダムス作用

アダムス作用（Adams operation）とは，べき乗予想を研究するには必須の道具であり群 G の表現 ρ に対して“m 乗表現”$\psi^m(\rho)$ を与えるものである．ただし，$\psi^m(\rho)$ は一般には「表現」ではなく仮想表現 $\psi^m(\rho) \in R(G)$ である．アダムス作用（あるいは，アダムス演算）は

J.F.Adams “Vector fields on spheres”［球面上のベクトル場］
Ann. of Math. **75**（1962）603-632

において，トポロジーの研究のために導入された．木村太郎『ランダム行列の数理』(森北出版，2021 年）を参照されたい．

もう少し具体的に書くと，アダムス作用 ψ^m は有限次元表現 $\rho : G \longrightarrow U(r)$ に対して $\psi^m(\rho) \in R(G)$ を与えるものであり，条件は

$$\psi^m(\rho)(g) = \mathrm{trace}(\rho(g)^m) \quad (g \in G)$$

である．つまり，写像

$$\begin{array}{ccc} G & \longrightarrow & U(r) \\ \Cup & & \Cup \\ g & \longmapsto & \rho(g)^m = \rho(g^m) \end{array}$$

を“表現”として解釈したいのであるが，このままでは一般に群準同型にならないので仮想表現として実現したものである．例をあげると

$$\psi^2(\rho) = \mathrm{Sym}^2(\rho) - \wedge^2(\rho)$$

となる（Sym^m は対称テンソル表現，$\wedge^m$ は外積テンソル積）．

実際，$\rho(g)$ の固有値を $\alpha_1,\cdots,\alpha_r$ とすると

$$\begin{aligned}\psi^2(\rho)(g) &= \mathrm{trace}(\rho(g)^2)\\ &= \alpha_1^2+\cdots+\alpha_r^2\\ &= \left(\sum_{i\leqq j}\alpha_i\alpha_j\right)-\left(\sum_{i<j}\alpha_i\alpha_j\right)\\ &= \mathrm{trace}(\mathrm{Sym}^2(\rho(g)))-\mathrm{trace}(\wedge^2(\rho(g)))\end{aligned}$$

となっている．一般的な $\psi^m(\rho)$ の構成法も同様であり，適当なテンソル積表現を用いれば良い．

オイラー積のべき乗予想へアダムス作用を使うことを例示しよう．いま，ガロア表現

$$\rho:\mathrm{Gal}(K/\mathbb{Q})\longrightarrow U(r)$$

に対して

$$Z(s)=L(s,\rho)$$

をアルティン L 関数としたとき

$$Z^m(s)=L(s,\psi^m(\rho))$$

となるので，$Z^m(s)$ $(m\geqq 1)$ はすべて $\mathbb{C}$ 上有理型とわかる．たとえば，

$$Z^2(s)=L(s,\psi^2(\rho))=\frac{L(s,\mathrm{Sym}^2(\rho))}{L(s,\wedge^2(\rho))}$$

となり $\mathbb{C}$ 上有理型である（正則性は期待できない）；この例は深リーマン予想に重要なオイラー積となっている．

この結果は，オイラー基盤 $E=(P,\mathrm{Gal}(K/\mathbb{Q}),\alpha)$ を用いれば

$$\begin{aligned}Z(s)&=Z(s,E,H),\\ H(T)&=\det(1-\rho T)\\ &=\sum_{k=0}^{r}(-1)^k\mathrm{trace}(\wedge^k\rho)T^k\end{aligned}$$

の場合である（$\gamma(H)=1$ となる）．より一般の

$$H(T)\in 1+TR(G)[T]$$

に拡張することを次に考えよう．

11.5　オイラー積原理から見ると

ガロア群 $G=\mathrm{Gal}(K/\mathbb{Q})$ に対する標準的なオイラー基盤 $E=(P,\mathrm{Gal}(K/\mathbb{Q}),\alpha)$ をとる：P は $K/\mathbb{Q}$ において不分岐な素数全体，$\alpha:P\longrightarrow \mathrm{Conj}(G)$ はフロベニウス写像.

いま，$H(T)\in 1+TR(G)[T]$ を取って，オイラー積

$$Z(s)=Z(s,E,H)$$

のべき乗 $Z^m(s)$ を調べる．そのために

$$H^m(T)=\prod_{\alpha\in\mu_m} H(\alpha T^{\frac{1}{m}})$$

とおく．ただし，$\mu_m=\{\alpha\in\mathbb{C}\,|\,\alpha^m=1\}$ である．たとえば

$$H^2(T)=H(T^{\frac{1}{2}})H(-T^{\frac{1}{2}})$$

である.

練習問題 3　$H(T)=1-hT+T^2$ のとき

$$H^2(T)=1-(h^2-2)T+T^2$$

となることを示せ.

解答

$$\begin{aligned}H^2(T)&=H(T^{\frac{1}{2}})H(-T^{\frac{1}{2}})\\&=(1-hT^{\frac{1}{2}}+T)(1+hT^{\frac{1}{2}}+T)\\&=(1+T)^2-(hT^{\frac{1}{2}})^2\\&=1-(h^2-2)T+T^2.\end{aligned}$$

（解答終）

一般の場合も

$$H^m(T)\in 1+TR(G)[T]$$

となることがわかる.

各 $g\in G$ に対して

$$H_g(T)=(1-\gamma_1(g)T)\cdots(1-\gamma_r(g)T)$$

とすると

$$\begin{aligned}H_g^m(T) &= \prod_{\alpha\in\mu_m} H_g(\alpha T^{\frac{1}{m}}) \\ &= \prod_{\alpha\in\mu_m} \{(1-\gamma_1(g)\alpha T^{\frac{1}{m}})\cdots(1-\gamma_r(g)\alpha T^{\frac{1}{m}})\} \\ &= (1-\gamma_1(g)^m T)\cdots(1-\gamma_r(g)^m T)\end{aligned}$$

であるから

$$Z(s,E,H^m) = Z^m(s)$$

となることがわかる．

練習問題 4　$\gamma(H^m)=\gamma(H)^m$ を示せ．

解答　各 $g\in G$ に対して

$$H_g(T) = (1-\gamma_1(g)T)\cdots(1-\gamma_r(g)T)$$

とすると

$$H_g^m(T) = (1-\gamma_1(g)^m T)\cdots(1-\gamma_r(g)^m T)$$

となることと，

$$\begin{aligned}\gamma(H) &= \max\{|\gamma_j(g)| \mid g\in G,\ j=1,\cdots,r\}, \\ \gamma(H^m) &= \max\{|\gamma_j(g)^m| \mid g\in G,\ j=1,\cdots,r\}\end{aligned}$$

とから $\gamma(H^m)=\gamma(H)^m$ が成立する．　**（解答終）**

練習問題 5　$Z(s)=Z(s,E,H)$ に対して，次は同値であることを示せ．

(1)　$Z(s)$ は $\mathbb{C}$ 上有理型．

(2)　$Z^m(s)$ $(m \geqq 1)$ は $\mathbb{C}$ 上有理型．

(3)　$\gamma(H)=1$．

解答

(1) ⇔ (3) はオイラー積原理であり，既に見た通りである．

(2) に関しては，

$$Z^m(s)=Z(s,E,H^m)$$

であるから，オイラー積原理より

$$Z^m(s):\mathbb{C}\text{ 上有理型}\Longleftrightarrow\gamma(H^m)=1$$

が成立する．ここで，練習問題 4 の等式 $\gamma(H)^m=\gamma(H)^m$ より

$$\gamma(H^m)=1\Longleftrightarrow\gamma(H)=1$$

となるので，(2) ⇔ (3) がわかる (m は「ある」でも「すべて」でも可)． **(解答終)**

このことから，$Z(s)=Z(s,E,H)$ に対してべき乗予想

$$Z(s):\mathbb{C}\text{ 上有理型}$$
$$\Longrightarrow Z^m(s)\ (m\geqq 1):\mathbb{C}\text{ 上有理型}$$

が成立する．これは，オイラー積原理を構成した者としてうれしい限りである．

/// 11.6　セルバーグ型

前節ではガロア群から得られるオイラー基盤の場合を扱ったが，より一般のオイラー基盤の場合へも拡張可能であるので，その例としてセルバーグ型オイラー基盤を取り上げておこう．

種数 2 以上のコンパクトリーマン面 M に対してオイラー基盤

$$E=(\mathrm{Prim}(M),\pi_1(M),\alpha)$$

を考える．ここで，$\mathrm{Prim}(M)$ は M の素な閉測地線全体であり，$P\in\mathrm{Prim}(M)$ のノルム $N(P)>1$ は P の長さ $\mathrm{length}(P)$ によって

$$N(P)=\exp(\mathrm{length}(P))$$

と定める．次に，$\pi_1(M)$ は M の基本群であり

$$\pi_1(M) \subset SL(2, \mathbb{R})$$

と離散部分群として埋め込まれていて，M は上半平面

$$H = \{z \in \mathbb{C} \mid \mathrm{Im}(z) > 0\}$$

の商空間

$$M = \pi_1(M) \backslash H$$

となっている．また，

$$\alpha : \mathrm{Prim}(M) \longrightarrow \mathrm{Conj}(\pi_1(M))$$

は自然なホモトピー類をとる写像である．

このとき，

$$H(T) \in 1 + TR(\pi_1(M))[T]$$

に対するオイラー積

$$Z(s, E, H) = \prod_{P \in \mathrm{Prim}(M)} H_{\alpha(P)}(N(P)^{-s})^{-1}$$

はオイラー積原理をみたし，その結果，11.5 節と全く同様にして

$$Z(s) = Z(s, E, H)$$

はべき乗予想

$$Z(s) : \mathbb{C} \text{ 上有理型} \Longrightarrow Z^m(s)\,(m \geqq 1) : \mathbb{C} \text{ 上有理型}$$

をみたすことがわかる．

もちろん，$\mathrm{Prim}(M)$ 上のオイラー積

$$Z(s) = \prod_{P \in \mathrm{Prim}(M)} [(1 - \alpha_1(P) N(P)^{-s}) \cdots (1 - \alpha_r(P) N(P)^{-s})]^{-1}$$

に対しては m 乗オイラー積 $Z^m(s)$ を

$$Z^m(s) = \prod_{P \in \mathrm{Prim}(M)} [(1 - \alpha_1(P)^m N(P)^{-s}) \cdots (1 - \alpha_r(P)^m N(P)^{-s})]^{-1}$$

と定める．

べき乗予想の成立を見るには，まず

$$H^m(T) \in 1 + TR(\pi_1(M))[T]$$

を

$$H^m(T)=\prod_{\alpha\in\mu_m} H(\alpha T^{\frac{1}{m}})$$

としたとき

$$Z^m(s)=Z(s,E,H^m)$$

であり，オイラー積原理から

$$\begin{aligned} Z(s):\mathbb{C}\text{ 上有理型} &\iff \gamma(H)=1, \\ Z^m(s):\mathbb{C}\text{ 上有理型} &\iff \gamma(H^m)=1 \\ &\iff \gamma(H)=1 \end{aligned}$$

となる——ただし，等式 $\gamma(H^m)=\gamma(H)^m$ を使った——ので，まとめることによってべき乗予想の成立がわかる．

11.7　べき乗予想の特殊例

特殊なオイラー積の族の場合に，べき乗予想を確認することもできる．二つ書いておこう．

練習問題6　$a,b,c\in i\mathbb{R}$ に対してオイラー積

$$Z(s)=\prod_{p:\text{素数}}(1-(p^a+p^b)p^{-s}+p^{c-2s})^{-1}$$

を考える．このとき，$Z(s)$ はべき乗予想

$$Z(s):\mathbb{C}\text{ 上有理型} \Longrightarrow Z^m(s)\,(m\geqq 1):\mathbb{C}\text{ 上有理型}$$

をみたすことを示せ．

解答　剛性定理（第８章）により

$$Z(s):\mathbb{C}\text{ 上有理型} \iff a+b=c$$

が成立する．よって，$Z(s)$ が $\mathbb{C}$ 上有理型のときは

$$\begin{aligned} Z(s) &= \zeta_{\mathbb{Z}}(s-a)\zeta_{\mathbb{Z}}(s-b) \\ &= \prod_{p:\text{素数}} [(1-p^a p^{-s})(1-p^b p^{-s})]^{-1} \end{aligned}$$

であり，

$$\begin{aligned} Z^m(s) &= \prod_{p:\text{素数}} [(1-p^{ma} p^{-s})(1-p^{mb} p^{-s})]^{-1} \\ &= \zeta_{\mathbb{Z}}(s-ma)\zeta_{\mathbb{Z}}(s-mb) \end{aligned}$$

となる．したがって，$Z^m(s)$ は $\mathbb{C}$ 上有理型である．　　**（解答終）**

この状況はセルバーグ型でも全く同様である．種数 2 以上のコンパクトリーマン面 M と $a, b, c \in i\mathbb{R}$ に対してオイラー積

$$\begin{aligned} Z(s) = \prod_{P \in \mathrm{Prim}(M)} &(1-(N(P)^a+N(P)^b) \\ &\cdot N(P)^{-s}+N(P)^{c-2s})^{-1} \end{aligned}$$

を考えると，$Z(s)$ はベキ乗予想

$$Z(s):\mathbb{C}\text{ 上有理型} \Longrightarrow Z^m(s)\,(m \geqq 1):\mathbb{C}\text{ 上有理型}$$

をみたすことがわかる．実際，剛性定理（第 8 章）から

$$Z(s):\mathbb{C}\text{ 上有理型} \Longleftrightarrow a+b=c$$

が成立するので，$Z(s)$ が $\mathbb{C}$ 上有理型なら

$$\begin{aligned} Z(s) &= \zeta_M(s-a)\zeta_M(s-b) \\ &= \prod_{P \in \mathrm{Prim}(M)} [(1-N(P)^a N(P)^{-s}) \cdot (1-N(P)^b N(P)^{-s})]^{-1} \end{aligned}$$

となる．ここで，

$$\zeta_M(s) = \prod_{P \in \mathrm{Prim}(M)} (1-N(P)^{-s})^{-1}$$

である．

したがって，$Z(s)$ が $\mathbb{C}$ 上有理型なら

$$\begin{aligned} Z^m(s) &= \prod_{P \in \mathrm{Prim}(M)} [(1-N(P)^{ma} N(P)^{-s})(1-N(P)^{mb} N(P)^{-s})]^{-1} \\ &= \zeta_M(s-ma)\zeta_M(s-mb) \end{aligned}$$

も $\mathbb{C}$ 上有理型とわかる．

11.8　正規版チェビシェフ多項式

チェビシェフ多項式 $T_m(x)$ は

$$T_m(\cos(\theta)) = \cos(m\theta)$$

をみたす m 次多項式である.

例　$T_0(x)=1,\ T_1(x)=x,\ T_2(x)=2x^2-1,$

$T_3(x)=4x^3-3x,\ T_4(x)=8x^4-8x^2+1,$

$T_5(x)=16x^5-20x^3+5x,$

$T_6(x)=32x^6-48x^4+18x^2-1,$

$T_7(x)=65x^7-112x^5+56x^3-7x.$

数論の観点からは，これを正規化した

$$T_m^*(x) = 2T_m\left(\frac{x}{2}\right) \in \mathbb{Z}[x]$$

も興味深い．こちらはモニック多項式であり，区間 $[-2,2]$ 上での値域は $[-2,2]$ となる.

例　$T_0^*(x)=2,$

$T_1^*(x)=x,$

$T_2^*(x)=x^2-2,$

$T_3^*(x)=x^3-3x,$

$T_4^*(x)=x^4-4x^2+2,$

$T_5^*(x)=x^5-5x^3+5x,$

$T_6^*(x)=x^6-6x^4+9x^2-2,$

$T_7^*(x)=x^7-7x^5+14x^3-7.$

正規版チェビシェフ多項式の役割については，セールの論説（ブルバキ・セミナー，2018 年 3 月）を読まれたい：

J.-P. Serre "Distribution asymptotique des Valeurs Propres des Endomorphismes de Frobenius [d'après Abel, Chebyshev, Robinson,…]" Astérisque **414** (2019) 1136-1150 ; Séminaire Bourbaki 2017/2018 (n°1146) [arXiv: 1807. 11700v3, 7 Jul 2019].

この論説で $T_m(x)$ と書いてあるのは正規版 $T_m^*(x)$ の意味であることに注意されたい.

べき乗予想にも正規版チェビシェフ多項式が登場する：

定理　群 G と $h \in R(G)$ に対して

$$H(T) = 1 - hT + T^2 \in 1 + TR(G)[T]$$

とすると

$$H^m(T) = 1 - T_m^*(h)T + T^2.$$

これは, $m=2$ のときは練習問題3でやった通りである. 意味のあるものはさまざまなところに出現する.

第12章 拡張オイラー積

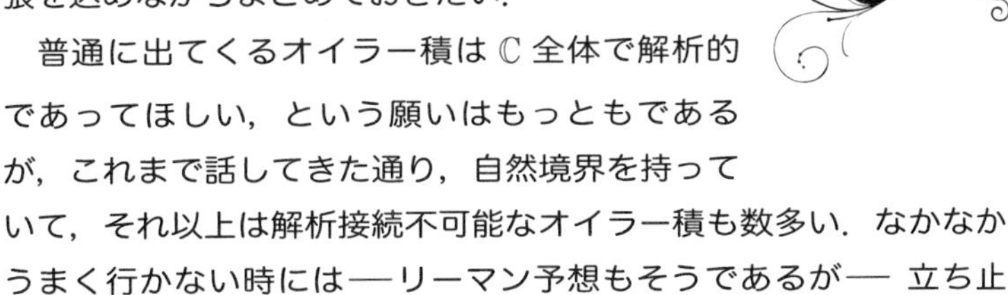

オイラー積原理の最終章として，オイラー積の解析接続と自然境界の存在の証明方法について拡張を込めながらまとめておきたい．

普通に出てくるオイラー積は $\mathbb{C}$ 全体で解析的であってほしい，という願いはもっともであるが，これまで話してきた通り，自然境界を持っていて，それ以上は解析接続不可能なオイラー積も数多い．なかなかうまく行かない時には—リーマン予想もそうであるが— 立ち止まって「可能・不可能」まで考え直すことも重要である．

不可能であることがきちんと証明できることは数学の特長であり，無駄な試みを省くことが可能である．もちろん，夢を追って長い時を過ごすことは得がたく楽しいことであり —他の人にすすめようとまでは思わないが— 本人が納得するなら結構なことであろう．

12.1 振り返り

まず，ここまでの話をオイラー基盤 $E=(P,G,\alpha)$ に対して振り返っておこう．ここで，G は位相群，$\alpha:P\longrightarrow \mathrm{Conj}(G)$ は写像であり，ノルム $N:P\longrightarrow \mathbb{R}_{>1}$ が定まっている．このとき

$$H(T)\in 1+TR(G)[T]$$

に対してオイラー積

$$Z(s,E,H)=\prod_{p\in P}Z_p(s,E,H),$$

$$Z_p(s,E,H)=H_{\alpha(p)}(N(p)^{-s})^{-1}$$

を考えてきた.

ただし, $R(G)$ は G の（仮想）表現環であり, G の有限次元（連続）ユニタリ表現の同値類全体を $\hat{G}$ と書いたとき,

$$R(G)=\left\{\sum_{\rho\in\hat{G}}c(\rho)\mathrm{trace}(\rho)\ \middle|\ \begin{array}{l}c(\rho)\in\mathbb{Z},\\ \text{有限個を除いて}\,0\end{array}\right\}$$

である. さらに,

$$H(T)=1+\sum_{k=1}^{r}h_kT^k\quad(h_k\in R(G))$$

と $g\in G$ に対して

$$H_g(T)=1+\sum_{k=1}^{r}h_k(g)T^k\in 1+T\mathbb{C}[T]$$

であり, これは $g\in G$ の共役類で決る：

$$h_k:\mathrm{Conj}(G)\longrightarrow\mathbb{C}.$$

この状況下で, $\gamma(H)\geqq 1$ が定まっていた. 具体的には

$$H_g(T)=(1-\gamma_1(g)T)\cdots(1-\gamma_r(g)T)$$

となる連続関数 $\gamma_k:G\longrightarrow\mathbb{C}$ を取っておいたときに

$$\gamma(H)=\sup\{|\gamma_k(g)|\mid k=1,\cdots,r,g\in G\}$$

である. そこで, $Z(s,E,H)$ の研究は

$$\begin{cases}(1)\quad \gamma(H)=1,\\ (2)\quad \gamma(H)>1\end{cases}$$

の二つに分けて行う.

(1)　$\gamma(H)=1$ のとき

有限型とも呼ばれる場合であり,

$$H(T)=\prod_{n=1}^{N}\prod_{\rho\in\hat{G}}\det(1-\rho T^n)^{\kappa(n,\rho)}$$

となる自然数 N と $\kappa(n,\rho)\in\mathbb{Z}$ が存在する．ただし，各 n に対して，$\kappa(n,\rho)\neq 0$ となる $\rho\in\hat{G}$ は有限個である．すると

$$Z(s,E,H)=\prod_{n=1}^{N}\prod_{\rho\in\hat{G}}Z(ns,E,\rho)^{\kappa(n,\rho)}$$

という有限積表示を得る．ここで，$\rho\in\hat{G}$ に対するオイラー積

$$Z(s,E,\rho)=\prod_{p\in P}\det(1-\rho(\alpha(p))N(p)^{-s})^{-1}$$

は基本的オイラー積であり，適切なオイラー基盤（ガロア型，セルバーグ型，保型表現型，…）のときには $\mathbb{C}$ 上有理型が証明可能である．したがって，$Z(s,E,H)$ は $\mathbb{C}$ 上有理型とわかる．

(2)　$\gamma(H)>1$ のとき

無限型と呼ばれる場合であり，

$$H(T)=\prod_{n=1}^{\infty}\prod_{\rho\in\hat{G}}\det(1-\rho T^n)^{\kappa(n,\rho)}$$

となる $\kappa(n,\rho)\in\mathbb{Z}$ が存在する．ただし，各 n に対して，$\kappa(n,\rho)\neq 0$ となる $\rho\in\hat{G}$ は有限個である．すると

$$(☆)\quad Z(s,E,H)=\prod_{n=1}^{\infty}\prod_{\rho\in\hat{G}}Z(ns,E,\rho)^{\kappa(n,\rho)}$$

という無限積表示を得る．すべての $Z(s,E,\rho)$ が $\mathbb{C}$ 上有理型がわかっていれば，基本的には，無限積表示（☆）によって $Z(s,E,H)$ は $\mathrm{Re}(s)>0$ において有理型であることを示すことができる．その具体的証明法は論文

N.Kurokawa "On the meromorphy of Euler products (I)(II)" Proc. London Math. Soc. (3) **53** (1986) 1-47, 209-236

を熟読されたい．さらに，$\mathrm{Re}(s)=0$ が $Z(s,E,H)$ の自然境界になることを，$Z(s,E,\rho)$ に関する適切な条件——ガロア型，セルバーグ型，保型表現型などでは証明することができる——の下に示される．

ただし，技術的には複雑な操作が必要となる．それは，$\gamma(H)>1$ のとき（☆）の右辺がそのままで $\mathrm{Re}(s)>0$ において意味を持つわけではない（収束型の問題）ため，少なくとも，$M>0$ に対して（M は状況に応じて変動させる必要がある）

$$
\begin{aligned}
Z(s,E,H) &= Z^M(s,E,H)Z_M(s,E,H) \\
&= Z^M(s,E,H)\prod_{n=1}^{\infty}\prod_{\rho\in\hat{G}} Z_M(ns,E,\rho)^{\kappa(n,\rho)}
\end{aligned}
$$

の形にしておかねばならない．

ここで，

$$
\begin{aligned}
Z^M(s,E,H) &= \prod_{N(p)\leq M} H_{\alpha(p)}(N(p)^{-s})^{-1}, \\
Z_M(s,E,H) &= \prod_{N(p)>M} H_{\alpha(p)}(N(p)^{-s})^{-1} \\
&= \prod_{n=1}^{\infty}\prod_{\rho\in\hat{G}} Z_M(ns,E,\rho)^{\kappa(n,\rho)}, \\
Z_M(s,E,\rho) &= \prod_{N(p)>M} \det(1-\rho(\alpha(p))N(p)^{-s})^{-1}
\end{aligned}
$$

である．この形にしておけば収束性はある程度良くなる．さらに，$\mathrm{Re}(s)=0$ が自然境界になることは，$\mathrm{Re}(s)=0$ 上の各点が $Z(s,E,H)$ の $\mathrm{Re}(s)>0$ における極の極限点となることを示すことによって証明するのであるが，それらの無限個の極は，$Z^M(s,E,H)$ の極から上手に選んで $M\to\infty$ とするのである．その選び方においては，$Z_M(s,E,H)$ の零点（それらは $Z_M(ns,E,\rho)$ の零点・極から来る）によって相殺されないことを確認しなければならず，技術的な難度が高い．

12.2　ℚ 係数への拡張

オイラー基盤 $E=(P,G,\alpha)$ が与えられたとき，オイラー積 $Z(s,E,H)$ を多項式

$$H(T)\in 1+TR_{\mathbb{Q}}(G)[T]$$

に対して考えるのは自然な拡張方法である．ここで，

$$R_{\mathbb{Q}}(G)=R(G)\otimes_{\mathbb{Z}}\mathbb{Q}=\left\{\sum_{\rho\in\hat{G}}c(\rho)\mathrm{trace}(\rho)\,\middle|\,c(\rho)\in\mathbb{Q},\text{有限個を除いて}0\right\}$$

は表現環の係数を $\mathbb{Z}$ から $\mathbb{Q}$ に拡張したものである．もちろん，

$$Z(s,E,H)=\prod_{p\in P}H_{\alpha(p)}(N(p)^{-s})^{-1}$$

であり，

$$H(T)=1+\sum_{k=1}^{r}h_k T^k \quad (h_k\in R_{\mathbb{Q}}(G))$$

と $g\in G$ に対して

$$H_g(T)=1+\sum_{k=1}^{r}h_k(g)T^k\in 1+T\mathbb{C}[T]$$

である．

係数を $\mathbb{Z}$ のところを $\mathbb{Q}$ にしたのであるから，基本的な行列式表示は

$$H(T)=\prod_{n=1}^{\infty}\prod_{\rho\in\hat{G}}\det(1-\rho T^n)^{\kappa(n,\rho)}$$

となる．ここで，$\kappa(n,\rho)\in\mathbb{Q}$ は一意的に定まる．したがって，

$$Z(s,E,H)=\prod_{n=1}^{\infty}\prod_{\rho\in\hat{G}}Z(ns,E,\rho)^{\kappa(n,\rho)}$$

という展開表示を得る．ここでは $\kappa(n,\rho)\in\mathbb{Q}$ となっているので $Z(s,E,H)$ が有理型関数になることは（$\mathrm{Re}(s)>0$ でも）一般的には期待できない．

練習問題1　$G=\boldsymbol{\mu}_2=\{1,-1\}$ を位数2の巡回群，$\hat{G}=\{\mathbb{1},\chi\}$ とする．このとき，

$$H(T)=1-\frac{1-\chi}{2}T\in 1+TR_{\mathbb{Q}}(G)[T]$$

に対して

$$H(T)=\prod_{n=1}^{\infty}(1-T^n)^{a(n)}(1-\chi T^n)^{b(n)}$$

となる $a(n), b(n)\in\mathbb{Q}$ を求めよ．

解答　はじめの方を求めてみると

$$H(T)=(1-T)^{\frac{1}{2}}(1-\chi T)^{-\frac{1}{2}}(1-T^2)^{\frac{1}{4}}(1-\chi T^2)^{-\frac{1}{4}}\cdots$$

となるので

$$H(T)=\prod_{m=0}^{\infty}\left(\frac{1-T^{2^m}}{1-\chi T^{2^m}}\right)^{\frac{1}{2^{m+1}}}$$

つまり

$$a(n)=\begin{cases}\dfrac{1}{2n} & \cdots\ n=2^m\ (m\geqq 0)\\ 0 & \cdots\ \text{他}\end{cases}$$

$$b(n)=\begin{cases}-\dfrac{1}{2n} & \cdots\ n=2^m\ (m\geqq 0)\\ 0 & \cdots\ \text{他}\end{cases}$$

となると推測される．これを証明しよう．そのために，対数を計算して比較しよう．まず

$$\log H(T)=\log\left(1-\frac{1-\chi}{2}T\right)=-\sum_{n=1}^{\infty}\frac{1}{n}\left(\frac{1-\chi}{2}\right)^n T^n$$

であるが，

$$\left(\frac{1-\chi}{2}\right)^n=\frac{1-\chi}{2}\quad(n=1,2,3,\cdots)$$

が成立する（べき等元）ので

$$\log H(T) = -\frac{1-\chi}{2}\sum_{n=1}^{\infty}\frac{1}{n}T^n$$

となる．一方，

$$\log\left\{\prod_{m=0}^{\infty}\left(\frac{1-T^{2^m}}{1-\chi T^{2^m}}\right)^{\frac{1}{2^{m+1}}}\right\} = \sum_{m=0}^{\infty}\sum_{k=1}^{\infty}\frac{-1+\chi^k}{k\cdot 2^{m+1}}T^{k\cdot 2^m}$$

$$= \sum_{m=0}^{\infty}\sum_{k:\text{奇}}\frac{-1+\chi}{k\cdot 2^{m+1}}T^{k\cdot 2^m}$$

となる．ここで

$$-1+\chi^k = \begin{cases} -1+\chi \cdots k:\text{奇} \\ \ \ 0 \qquad \cdots k:\text{偶} \end{cases}$$

を用いた．したがって，$n = k\cdot 2^m$（k：奇，$m \geqq 0$）とおきかえると n は自然数全体を一回ずつ表示し，

$$\log\left\{\prod_{m=0}^{\infty}\left(\frac{1-T^{2^m}}{1-\chi T^{2^m}}\right)^{\frac{1}{2^{m+1}}}\right\} = -\frac{1-\chi}{2}\sum_{n=1}^{\infty}\frac{1}{n}T^n$$

となり，$\log H(T)$ と等しいことがわかる．よって，示された．

（解答終）

オイラー基盤 $E = (P, \mathrm{Gal}(\mathbb{Q}(\sqrt{-1})/\mathbb{Q}), \alpha)$ に練習問題 **1** を用いると

$$H(T) = 1 - \frac{1-\chi}{2}T$$

に対して

$$Z(s, E, H) = \prod_{p\equiv 3 \bmod 4}(1-p^{-s})^{-1} = \prod_{m=0}^{\infty}\left(\frac{\zeta_2(2^m s)}{L(2^m s, \chi)}\right)^{\frac{1}{2^{m+1}}}$$

という表示を得る．ただし，P は奇素数全体，χ は $\mathrm{mod}\,4$ のディリクレ指標で

$$\chi(p)=\begin{cases}1 \cdots\cdots p\equiv 1 \bmod 4\\ -1\cdots\cdots p\equiv 3 \bmod 4,\end{cases}$$

$$\zeta_2(s)=\prod_{p\in P}(1-p^{-s})^{-1}=\zeta_{\mathbb{Z}}(s)(1-2^{-s}),$$

$$L(s,\chi)=\prod_{p\in P}(1-\chi(p)p^{-s})^{-1}$$

である．

この無限積表示を使うことによって

$$\prod_{p\equiv 3 \bmod 4}(1-p^{-s})^{-1}=\prod_{m=0}^{\infty}\left(\frac{\zeta_2(2^m s)}{L(2^m s,\chi)}\right)^{\frac{1}{2^{m+1}}}$$

は $\mathrm{Re}(s)>0$ に解析接続可能（有理型ではない）であることと，$\mathrm{Re}(s)=0$ を自然境界にもつことがわかる．全く同じことは

$$\prod_{p\equiv 1 \bmod 4}(1-p^{-s})^{-1}=\prod_{m=0}^{\infty}\left(\frac{L(2^m s,\chi)}{\zeta_2(2^m s)}\right)^{\frac{1}{2^{m+1}}}\times\zeta_2(s)$$

に対しても成立する．ただし，$\mathrm{Re}(s)=0$ が自然境界となることの証明には（対数微分を見るとわかりやすいのであるが），$\mathrm{Re}(s)=0$ 上の各点が $\mathrm{Re}(s)>0$ における特異点の極限点となることを示すことになり，そのためには $L(2^m s,\chi)$ と $\zeta_2(2^m s)$ の零点の分析が必要となる．詳細は論文

N.Kurokawa "On certain Euler products" Acta Arithmetica **48**（1987）49-52

を読まれたい．

ちなみに，オイラー積

$$\prod_{p\equiv 1 \bmod 4}(1-p^{-s})^{-1}$$

は

$$H(T)=1-\frac{1+\chi}{2}T=\prod_{m=0}^{\infty}\left(\frac{1-\chi T^{2^m}}{1-T^{2^m}}\right)^{\frac{1}{2^{m+1}}}\times(1-T)$$

としたときの $Z(s,E,H)$ として得られる．また，全く同様な結果は，より一般に，$\mathrm{mod}\,N$ の実ディリクレ指標 $\chi\neq\mathbb{1}$ から作

られるオイラー積 $\prod_{\chi(p)=1}(1-p^{-s})^{-1}$ および $\prod_{\chi(p)=-1}(1-p^{-s})^{-1}$ に対しても先程の論文（1987年出版）にて証明されている．

念のために注意しておくと，この論文の15年後に出版された著者二人とも有名なデュ・ソートイ（1965年生れのオックスフォード大学教授；ベストセラー『素数の音楽』の著者）とグリュネヴァルト（1949-2010，ドイツ）による論文

M.du Sautoy and F.Grünewald "Zeta functions of groups : zeros and friendly ghosts" Amer. J.Math.**124**（2002）1-48

にはオイラー積

$$\prod_{p\equiv 1 \bmod 4}(1-p^{-s})^{-1}$$

の解析性（解析接続・自然境界）が未解決の問題としてあげられていて，既に15年前に解決済であることが無視されていて驚かされる．極めて不適切な記述であるので，論文を読むときには書いてあることを安易に信じないことが肝要である．

ついでに，教訓として

デュ・ソートイ『シンメトリーの地図帳』新潮社，2010年（新潮文庫，2014年）

から2005年11月の羽田空港から那覇空港へのフライトの既述を引用しておこう：

「黒川教授は，今までの成果をまとめたわたしのプレプリントを読み終えると，数年前に自分が考えた枠組みにわたしの探し求めているゼータ関数がどのように当てはまるのかを説明しはじめた．わたしも黒川教授の論文を読んではいたものの，自分の研究に関係があるとは思っていなかった．ところが教授はこの三時間のフライトの間に，自分の作った言語を使えばわたしのゼータ関数を捉えることがで

きるという理由を明らかにしてみせた．私は軽いパニックに陥った．」

ただし，「数年前」とは，本書で解説してきたオイラー積原理の論文のことを指しているため，不適切であり「数十年前」が適当である（翻訳者の間違いではない）．

良い機会なので，もう一つ指摘しておこう．デュ・ソートイと弟子のウッドワードの2008年に出版の論文

M.du Sautoy and L.Woodward "Zeta functions of groups and rings" Springer Lecture Notes in Math. **1925** (2008)

の主定理である定理5.1は自然境界をもつ「最初の記録」（17ページ）とあり，"最初の証明"が与えられているが，それが20年前の1988年の国際シンポジウムで発表された論文

N.Kurokawa "Analyticity of Dirichlet series over prime powers" Springer Lecture Notes in Math. **1434** (1989) 168-177

に既に証明されていた（実際，デュ・ソートイとウッドワードの定理5.1は黒川論文の定理2の$k=4$という特別の場合として含まれている）ということが述べられていない．証明自体も同じである．現代ではMathSciNet（Mathematical Reviews）で直ぐわかってしまう内容であり，心すべき事である．ましてや世界の数学の中心地の一つであるオックスフォード大学からの発信は影響力が大であるからより一層留意すべきである．

12.3　井草ゼータ関数

井草ゼータ関数で自然境界をもつ例については第9章9.7節で触れたが，より簡単な例を解説しておこう．これも論文

"Analyticity of Dirichlet series over prime powers" に含まれている．

井草準一先生（1924-2013）の創始による井草ゼータ関数は，$\mathbb{Z}$ 上の代数的集合 X のゼータ関数

$$Z_X(s)=\sum_{n=1}^{\infty}|X(\mathbb{Z}/n\mathbb{Z})|n^{-s}$$

のことであり，オイラー積表示

$$\begin{aligned} Z_X(s) &= \prod_{p:\text{素数}} Z_{X,p}(s), \\ Z_{X,p}(s) &= \sum_{k=0}^{\infty}|X(\mathbb{Z}/p^k\mathbb{Z})|p^{-ks} \\ &= 1+\sum_{k=1}^{\infty}|X(\mathbb{Z}/p^k\mathbb{Z})|p^{-ks} \end{aligned}$$

をもっている．さらに，$Z_{X,p}(s)$ は p^{-s} の有理関数になるという『井草の定理』が知られている．

ここでは，奇素数 ℓ に対する代数的集合

$$X=\{x \mid x^{\ell}=1\}$$

の井草ゼータ関数 $Z_X(s)$ が自然境界 $\mathrm{Re}(s)=0$ をもつことを見よう．

練習問題 2　次を示せ．

(1)　$Z_X(s)=\prod_{p:\text{素数}} Z_{X,p}(s)$,

$$Z_{X,p}(s)=\begin{cases} \dfrac{1+(\ell-1)p^{-s}}{1-p^{-s}} \cdots\cdots p\equiv 1 \bmod \ell, \\ \dfrac{1}{1-p^{-s}} \cdots\cdots p\neq \ell \text{ かつ } p\not\equiv 1 \bmod \ell, \\ \dfrac{1+(\ell-1)p^{-2s}}{1-p^{-s}} \cdots\cdots p=\ell. \end{cases}$$

(2)　$Z_X(s)$ は $\mathrm{Re}(s)>0$ において有理型で，$\mathrm{Re}(s)=0$ は自然境界である．

解答

(1) 素数 p と $k \geqq 1$ に対して

$$
\begin{aligned}
|X(\mathbb{Z}/p^k\mathbb{Z})| &= |\{x \in (\mathbb{Z}/p^k\mathbb{Z})^\times \mid x^\ell = 1\}| \\
&= \begin{cases} \ell & \cdots \ p \equiv 1 \bmod \ell \\ 1 & \cdots \ p \neq \ell \text{ かつ } p \not\equiv 1 \bmod \ell \\ k=1 \text{ のとき } 1,\ k \geqq 2 \text{ のとき } \ell & \cdots \ p = \ell \end{cases}
\end{aligned}
$$

となるので

$$
Z_{X,p}(s) = 1 + \sum_{k=1}^{\infty} |X(\mathbb{Z}/p^k\mathbb{Z})| p^{-ks}
$$

を計算すると（1）の通りである．まず，$p \equiv 1 \bmod \ell$ のときは p は奇素数であり，$(\mathbb{Z}/p^k\mathbb{Z})^\times$ は位数 $(p-1)p^{k-1}$ の巡回群となるので位数 ℓ の巡回群を含み $|X(\mathbb{Z}/p^k\mathbb{Z})| = \ell$ が成立し，

$$
\begin{aligned}
Z_{X,p}(s) &= 1 + \sum_{k=1}^{\infty} \ell \cdot p^{-ks} \\
&= 1 + \ell \frac{p^{-s}}{1-p^{-s}} = \frac{1+(\ell-1)p^{-s}}{1-p^{-s}}
\end{aligned}
$$

である．次に，$p \neq \ell$ かつ $p \not\equiv 1 \bmod \ell$ のときは $(\mathbb{Z}/p^k\mathbb{Z})^\times$ は位数 ℓ の元を含まないので $|X(\mathbb{Z}/p^k\mathbb{Z})| = 1$ であり

$$
Z_{X,p}(s) = 1 + \sum_{k=1}^{\infty} p^{-ks} = \frac{1}{1-p^{-s}}
$$

となる．最後に，$p = \ell$ のときは $(\mathbb{Z}/p^k\mathbb{Z})^\times$ は位数 $(\ell-1)\ell^{k-1}$ の巡回群なので

$$
|X(\mathbb{Z}/p^k\mathbb{Z})| = \begin{cases} 1 & \cdots\cdots \ k = 1 \\ \ell & \cdots\cdots \ k \geqq 2 \end{cases}
$$

より

$$Z_{X,p}(s)=1+p^{-s}+\sum_{k=2}^{\infty}\ell\cdot p^{-ks}$$
$$=1+p^{-s}+\ell\frac{p^{-2s}}{1-p^{-s}}=\frac{1+(\ell-1)p^{-2s}}{1-p^{-s}}$$

となる．

(2) 上のオイラー因子の計算から

$$Z_X(s)=\zeta_{\mathbb{Z}}(s)\times(1+(\ell-1)\ell^{-2s})$$
$$\times\prod_{p\neq\ell}(1+(\chi_1(p)+\cdots+\chi_{\ell-1}(p))p^{-s})$$

となる．ここで，$\{\chi_1,\cdots,\chi_{\ell-1}\}$ は $\mathrm{mod}\,\ell$ のディリクレ指標全体である．ただし，$p\neq\ell$ に対して

$$\chi_1(p)+\cdots+\chi_{\ell-1}(p)=\begin{cases}\ell-1 & \cdots\cdots\quad p\equiv 1 \bmod \ell\\ 0 & \cdots\cdots\quad p\not\equiv 1 \bmod \ell\end{cases}$$

となることを使った．

したがって，オイラー積

$$\prod_{p\neq\ell}(1+(\chi_1(p)+\cdots+\chi_{\ell-1}(p))p^{-s})$$

の解析性を調べればよい．そのために，オイラー基盤

$$E=(P,\ \mathrm{Gal}(\mathbb{Q}(\boldsymbol{\mu}_\ell)/\mathbb{Q}),\alpha)$$

を用いる．ここで，P は ℓ 以外の素数全体，

$\alpha: P\longrightarrow \mathrm{Conj}(G)=G$ （フロベニウス写像），

$$G=\mathrm{Gal}(\mathbb{Q}(\boldsymbol{\mu}_\ell)/\mathbb{Q})\cong(\mathbb{Z}/\ell\mathbb{Z})^\times\cong\mathbb{Z}/(\ell-1)\mathbb{Z}$$

である．いま，

$$H(T)=1+(\chi_1+\cdots+\chi_{\ell-1})T\in 1+TR(G)[T]$$

とすると

$$Z(s,E,H)=\prod_{p\neq\ell}(1+(\chi_1(p)+\cdots+\chi_{\ell-1}(p))p^{-s})^{-1}$$

であり，

$$\gamma(H)=\ell-1\geqq 2$$

であるので，オイラー積原理より $Z(s, E, H)$ は $\mathrm{Re}(s)>0$ において有理型で $\mathrm{Re}(s)=0$ を自然境界にもつことがわかる．したがって，$Z_X(s)$ は $\mathrm{Re}(s)>0$ において有理型で，$\mathrm{Re}(s)=0$ が自然境界となることがわかった．

（解答終）

12.4　無限次版

無限次版として，最も基本的なオイラー基盤 $E=(P,1,1)$ ──P は素数全体──の場合の“無限次多項式”

$$H(T)\in 1+T\mathbb{Z}[[T]]$$

に対するオイラー積

$$Z(s,H)=Z(s,E,H)=\prod_{p:\text{素数}} H(p^{-s})^{-1}$$

の解析性を一つの例で考えよう．

練習問題 3　次を示せ．

(1)　$H(T)=\displaystyle\sum_{m=-\infty}^{\infty}(-1)^m T^{\frac{m(3m-1)}{2}}\in 1+T\mathbb{Z}[[T]]$

としたとき

$$Z(s,H)=\prod_{n=1}^{\infty}\zeta_{\mathbb{Z}}(ns).$$

(2)　$Z(s,H)$ は $\mathrm{Re}(s)>0$ において有理型で，$\mathrm{Re}(s)=0$ は自然境界である．

(3)　位数 n のアーベル群の同型類の個数を $a(n)$ とすると

$$Z(s,H)=\sum_{n=1}^{\infty}a(n)n^{-s}=\sum_{A}|A|^{-s}.$$

ここで，A は有限アーベル群の同型類全体を動く．

解答

(1) オイラーの五角数定理により

$$H(T)=\prod_{n=1}^{\infty}(1-T^n)$$

となる（五角数は $m=1,2,3,\cdots$ に対する $\dfrac{m(3m-1)}{2}=1,5,12,22,35,\cdots$）.

したがって

$$\begin{aligned}Z(s,H)&=\prod_{p:\text{素数}}H(p^{-s})^{-1}\\&=\prod_{p:\text{素数}}\prod_{n=1}^{\infty}(1-p^{-ns})^{-1}\\&=\prod_{n=1}^{\infty}\zeta_{\mathbb{Z}}(ns)\end{aligned}$$

となり，この無限積は $\mathrm{Re}(s)>1$ において絶対収束する.

(2) $Z(s,H)=\prod_{n=1}^{\infty}\zeta_{\mathbb{Z}}(ns)$

より，$N\geqq 1$ に対して

$$Z(s,H)=\prod_{n=1}^{N}\zeta_{\mathbb{Z}}(ns)\times\prod_{n>N}\zeta_{\mathbb{Z}}(ns)$$

であるが，$\prod_{n>N}\zeta_{\mathbb{Z}}(ns)$ は $\mathrm{Re}(s)>1/N$ において（局所）一様収束するので，そこにおいて正則関数となる．したがって，$Z(s,H)$ は $\mathrm{Re}(s)>1/N$ において有理型関数として解析接続可能である．ここで，$N\geqq 1$ は任意であるから $Z(s,H)$ は $\mathrm{Re}(s)>0$ における有理型関数となることがわかる.

次に，$\mathrm{Re}(s)=0$ が自然境界となることは $\mathrm{Re}(s)=0$ 上の各点 s_0 は $Z(s,H)$ の $\mathrm{Re}(s)>0$ における零点の極限点であることから示される．$\zeta_{\mathbb{Z}}(s)$ の $\mathrm{Re}(s)>0$ における零点 ρ から $\zeta_{\mathbb{Z}}(ns)$ の零点 ρ/n が出てくる（リーマン予想を仮定すれば

$\mathrm{Re}(\rho/n)=1/2n$，仮定しなければ $0<\mathrm{Re}(\rho/n)<\dfrac{1}{n}$).

したがって，適切に $\zeta_{\mathbb{Z}}(s)$ の $\mathrm{Re}(s)>0$ における零点 $\rho(n)$ をとれば

$$\begin{cases} Z\left(\dfrac{\rho(n)}{n}, H\right)=0, \\ \lim\limits_{n\to\infty} \dfrac{\rho(n)}{n}=s_0 \end{cases}$$

となるようにすることができて，$\mathrm{Re}(s)=0$ が $Z(s,H)$ の自然境界であることがわかる.

(3) 有限アーベル群の構造定理（巡回群の直積群として表示）より，$a(n)$ は n の乗法的関数であることと素数 p と $k\geqq 0$ に対して

$$a(p^k)=p(k) \ ：分割数$$

となることがわかる．したがって，

$$\begin{aligned} \sum_{n=1}^{\infty} a(n)n^{-s} &= \prod_{p:\text{素数}}\left(\sum_{k=0}^{\infty} a(p^k)p^{-ks}\right) \\ &= \prod_{p:\text{素数}}\left(\sum_{k=0}^{\infty} p(k)p^{-ks}\right) \\ &= \prod_{p:\text{素数}} \frac{1}{(1-p^{-s})(1-p^{-2s})(1-p^{-3s})\cdots} \\ &= \prod_{n=1}^{\infty} \zeta_{\mathbb{Z}}(ns) \\ &= Z(s,H) \end{aligned}$$

が成立する.　**(解答終)**

12.5　結語

我々は，本書「オイラー積原理」において種々のゼータ関数の二種類の無限積

$$\begin{cases} \prod_{n=1}^{\infty} Z_n(ns), \\ \prod_{n=1}^{\infty} Z_n(s+n) \end{cases}$$

を中心に考察してきた．前者はしばしば自然境界をもち，後者は $\mathbb{C}$ 上有理型となることが多い．

有限アーベル群の同型類 A 全体にわたる計算では

$$\prod_{n=1}^{\infty} \zeta_{\mathbb{Z}}(ns) = \sum_{A} |A|^{-s}$$

は $\mathrm{Re}(s)>0$ において有理型で，自然境界 $\mathrm{Re}(s)=0$ をもつ．

これに対比して（同じ A に対して）

$$\prod_{n=1}^{\infty} \zeta_{\mathbb{Z}}(s+n) = \sum_{A} |\mathrm{Aut}(A)|^{-1} |A|^{-s}$$

が知られている（H.Cohen-H.W.Lenstra，1983 年）．これは $\mathbb{C}$ 上有理型のゼータ関数であり，$\check{\mathbb{P}}^{\infty}$ のハッセゼータ関数としての解釈も与えられる．これを含めて，黒川テンソル積（Kurokawa tensor product）から見た眺めはマニンの素晴らしい講義録

Yuri Manin "Lectures on zeta functions and motives (according to Deninger and Kurokawa)" Astérisqué **228** (1995) 121-163

に明快に解説されているので是非読まれたい（NUMDAM から無料でダウンロードできる）．

拡張されたオイラー積 $Z(s, E, H)$ の研究には未知の領域がたくさん残されている．

オイラー積原理の拡張は果てしがない．

索　引

▶▶▶ 数字

▶▶▶ かな

■あ行

■か行

■ま行

■や行

■ら行

■わ行

著者紹介：

黒川信重（くろかわ・のぶしげ）

1952 年 3 月生まれ

1975 年　東京工業大学理学部数学科卒業

東京工業大学名誉教授，ゼータ研究所研究員

理学博士．専門は数論，ゼータ関数論，絶対数学

主な著書 (単著)

『リーマン予想の 150 年』岩波書店，2009 年

『リーマン予想の探求　ABC から Z まで』技術評論社，2012 年

『リーマン予想の先へ　深リーマン予想 —DRH』東京図書，2013 年

『現代三角関数論』岩波書店，2013 年

『リーマン予想を解こう 新ゼータと因数分解からのアプローチ』 技術評論社，2014 年

『ゼータの冒険と進化』現代数学社，2014 年

『ガロア理論と表現論　ゼータ関数への出発』日本評論社，2014 年

『大数学者の数学・ラマヌジャン／ζの衝撃』現代数学社，2015 年

『絶対ゼータ関数論』岩波書店，2016 年

『絶対数学原論』現代数学社，2016 年

『リーマンと数論』共立出版，2016 年

『ラマヌジャン探検 —天才数学者の奇蹟をめぐる』岩波書店，2017 年

『絶対数学の世界 —リーマン予想・ラングランズ予想・佐藤予想』青土社，2017 年

『リーマンの夢』現代数学社，2017 年

『オイラーとリーマンのゼータ関数』日本評論社，2018 年

『オイラーのゼータ関数論』現代数学社，2018 年

『零点問題集』現代数学社，2019 年

『リーマン予想の今，そして解決への展望』技術評論社，2019 年

『零和への道　—ζの十二箇月』現代数学社，2020 年

『ゼータ進化論　〜究極の行列式表示を求めて〜』現代数学社，2021 年

ほか多数．

オイラー積原理　素数全体の調和の秘密

2022年8月21日　　初版第1刷発行

著　者　　黒川 信重

発行者　　富田　淳

発行所　　株式会社　現代数学社
〒606-8425 京都市左京区鹿ヶ谷西寺ノ前町1
TEL 075 (751) 0727　FAX 075 (744) 0906
https://www.gensu.co.jp/

装　幀　　中西真一（株式会社 CANVAS）

印刷・製本　　有限会社 ニシダ印刷製本

ISBN 978-4-7687-0588-9　　2022 Printed in Japan